机械职业教育教学指导委员会推荐教材

工业机器人技能培养系列精品教材

工业机器人电气控制与维修

邢美峰　主　编

卢彦林　李伟娟　石义淮　副主编

电子工业出版社

Publishing House of Electronics Industry

北京·BEIJING

内 容 简 介

本书根据教育部最新的高等职业教育教学改革要求以及工业机器人产业岗位技能需要，由企业技术人员和职业院校骨干教师共同编写。本书系统地讲解了工业机器人电气控制系统的安装与调试方法，共分为 6章，第 1章介绍工业机器人电气控制系统的构成；第 2~4章介绍工业机器人电气控制系统的电路连接与检查工作；第 5章介绍工业机器人 PLC 控制；第 6章介绍工业机器人电气控制系统的调试方法等。本书内容全面新颖、实用性强，有利于学生实践能力的培养。

本书为高等职业本专科院校相应课程的教材，也可作为开放大学、成人教育、自学考试、中职学校和培训班的教材，以及企业工程技术人员、机器人爱好者的参考书。

本书配有免费的电子教学课件等，详见前言。

图书在版编目（CIP）数据

工业机器人电气控制与维修／邢美峰主编. —北京：电子工业出版社，2016.8（2024.1 重印）

全国工业机器人技能培养系列精品教材

ISBN 978-7-121-29476-1

Ⅰ. ①工…　Ⅱ. ①邢…　Ⅲ. ①工业机器人-电气控制-高等学校-教材　②工业机器人-维修-高等学校-教材　Ⅳ. ①TP242.2

中国版本图书馆 CIP 数据核字（2016）第 172465 号

策划编辑：陈健德（E-mail：chenjd@ phei. com. cn）
责任编辑：李　蕊
印　　刷：涿州市般润文化传播有限公司
装　　订：涿州市般润文化传播有限公司
出版发行：电子工业出版社
　　　　　北京市海淀区万寿路 173 信箱　邮编　100036
开　　本：787×1092　1/16　　印张：7.75　字数：198.4 千字
版　　次：2016 年 8 月第 1 版
印　　次：2024 年 1 月第 14 次印刷
定　　价：30.00 元

凡所购买电子工业出版社图书有缺损问题，请向购买书店调换。若书店售缺，请与本社发行部联系，联系及邮购电话：(010) 88254888，88258888。

质量投诉请发邮件至 zlts@ phei. com. cn，盗版侵权举报请发邮件至 dbqq@ phei. com. cn。

本书咨询联系方式：chenjd@ phei. com. cn。

技术指导委员会 （排名不分先后）

主 任 单 位：机械职业教育教学指导委员会

副主任单位：武汉华中数控股份有限公司　　　重庆华数机器人有限公司

佛山华数机器人有限公司　　　深圳华数机器人有限公司

武汉高德信息产业有限公司　　　华中科技大学

武汉软件工程职业技术学院　　　包头职业技术学院

鄂尔多斯职业学院　　　重庆工业技师学院

重庆市机械高级技工学校　　　辽宁建筑职业学院

长春机械工业学校　　　内蒙古机电职业技术学院

秘书长单位：武汉高德信息产业有限公司

委 员 单 位：东莞理工学院　　　许昌技术经济职业学校

重庆工贸技师学院　　　武汉第二轻工业学校

长春职业技术学院　　　四川仪表工业学校

河南森茂机械有限公司　　　武汉华大新型电机有限公司

赤峰工业职业技术学院　　　石家庄市职业教育技术中心

广东轻工职业技术学院

序 言

当前，以机器人为代表的智能制造，正逐渐成为全球新一轮生产技术革命浪潮中最澎湃的浪花，推动着各国经济发展的进程。随着工业互联网、云计算、大数据、物联网等新一代信息技术的快速发展，社会智能化的发展趋势日益显现，机器人的服务也从工业制造领域，逐渐拓展到教育娱乐、医疗康复、安防救灾等诸多领域。机器人已成为智能社会不可或缺的人类助手。就国际形势来看，美国"再工业化"战略、德国"工业4.0"战略、欧洲"火花计划"、日本"机器人新战略"等，均将"机器人产业"作为发展重点，试图通过数字化、网络化、智能化夺回制造业优势。就国内发展而言，经济下行压力增强、环境约束日益趋紧、人口红利逐渐摊薄，迫切需要转型升级，形成增长新引擎，适应经济新常态。目前，中国政府提出的"中国制造2025"战略规划，其中以机器人为代表的智能制造是难点也是挑战，是思路更是出路。

近年来，随着劳动力成本的上升和工厂自动化程度的提高，中国工业机器人市场正步入快速发展阶段。据统计，2015上半年我国机器人销量达到5.6万台，增幅超过了50%，中国已经成为全球最大的工业机器人市场。国际机器人联合会的统计显示，2014年在全球工业机器人大军中，中国工厂的机器人使用数量约占四分之一。而预计到2017年，中国工业机器人数量将居全球之首。然而，机器人技术人才急缺，"数十万高薪难聘机器人技术人才"已经成为社会热点问题。因此"机器人产业发展，人才培养必须先行"。

目前，我国有少数职业院校已开设机器人相关专业，但缺乏相应的师资和配套教材，也缺少工业机器人实训设施。凭借这样的条件，很难培养出合格的机器人技术人才，也将严重制约机器人产业的发展。

综上，要实现我国机器人产业发展目标，在职业院校广泛开展工业机器人技术人才及骨干师资培养示范建设，为机器人产业的发展提供人力资源支撑，非常必要和紧迫。而面对机器人产业强劲的发展势头，不论是从事工业机器人系统的操作、编程、运行与管理等高技能应用型人才，还是从事一线教学的广大教育工作者都迫切需要实用性强、通俗易懂的机器人专业教材，编写和出版职业院校的机器人专业教材迫在眉睫、意义重大。

在这样的背景下，华中数控股份公司与华中科技大学国家数控系统工程技术研究中心、武汉高德信息产业有限公司、电子工业出版社、华中科技大学出版社、武汉软件工程职院、包头职业技术学院、鄂尔多斯职业技术学院等单位，产、学、研、用相结合，组建"工业机器人产教联盟"，组织企业调研及其研讨会，编写了系列教材。

本套教材具有以下鲜明的特点：

1. 前瞻性强。作为一个服务于经济社会发展的新专业，本套教材含有工业机器人高职人才培养方案、高职工业机器人专业建设标准、课程建设标准、工业机器人拆装与调试等内容，覆盖面广，前瞻性强，是针对机器人专业职业教学的一次有效、有益的大胆尝试。

2. 系统性强。本系列教材基于工业机器人、电气自动化、机电一体化等专业课程；针对数控实习进行改革创新，引入工业机器人实训项目；根据企业应用需求，编写相关教材、组织师资培训，构建工业机器人教学信息化平台等。为课程体系建设提供了必要的系统性支撑。

3. 实用性强。本系列教材涉及课程内容有：机器人操作、机器人编程、机器人维护维修、机器人离线编程、机器人应用等。本系列教材凸显理实一体化教学理念，把导、学、教、做、评等各环节有机地结合在一起，以"弱化理论、强化实操，实用、够用"为目的，加强对学生实操能力的培养，让学生在"做中学，学中做"，贴合当前职业教育改革与发展的精神和需求。

本系列教材在行业企业专家、技术带头人和一线科研人员的带领下，经过反复研讨、修订和论证，完成了编写工作。企业人员有着丰富的机器人应用、教学和实践经验。在这里也希望同行专家和读者对本系列教材的不足之处予以批评指正，不吝赐教。我坚信，在众多有识之士的努力下，本系列教材将促进机器人行业的教育与应用水平，在新时代为国家经济发展做出应有贡献。

"长江学者奖励计划"特聘教授
华中科技大学常务副校长
华中科技大学教授、博导

前　言

工业机器人是一门迅速发展的综合性前沿学科，它作为先进制造业中不可替代的重要装备和手段，已成为衡量一个国家制造业水平和科技水平的重要标志，它的推广与应用将促进我国装备制造业的发展。目前我国工业机器人行业正处于高速发展的阶段，但工业机器人专业人才的培养却处于严重滞后状态。由于工业机器人具有先进性、复杂性和智能性的特点，因此，工业机器人电气控制系统安装调试与维修的方法与传统电气控制系统相比较发生了巨大的变化，相应的技能型人才极度匮乏。

本书以华数六关节工业机器人为例，系统地讲解工业机器人电气控制系统的安装、调试与维修方法。通过课程任务实施与操作模式，驱动教学过程，完成技能训练与知识学习。根据现代职业教育的需求与特点，逐步提高实践技能水平，扩展理论知识的深度与广度，不断锻炼行业岗位职业素养。

本书共分 6 章。第 1 章主要是使学生对工业机器人电气控制系统具有一个整体的认识，对各个控制元件的功能有所了解，对工业机器人的控制过程建立一个总体思路框架。第 2～4 章主要完成电气控制系统电路的连接工作，以核心器件的供电需求为主线，以交、直流供电方式为划分依据，逐步完成工业机器人电气控制系统的电路连接与检查工作。第 5 章主要介绍工业机器人中 PLC 的作用，如何利用 PLC 完成工业机器人与外部设备的通信工作，保证设备间的协调运行。第 6 章主要介绍工业机器人 IPC 参数与伺服驱动参数的设置方法，确保工业机器人正常运行。

本书由包头职业技术学院邢美峰主编并统稿。其中，第 1 章 1.1～1.2 节由石义淮编写，第 1章 1.3～1.5 节及第 2 章由邢美峰编写，第 3～4 章由李伟娟编写，第 5～6 章由卢彦林编写。

本书在编写过程中得到华中数控股份有限公司、重庆华数机器人有限公司和武汉高德信息产业有限公司提供的大力帮助，还得到包头职业技术学院各级领导及孙海亮先生、黄学兵先生和金磊先生给予的技术支持与帮助，在此一并表示衷心的感谢。

由于本书编者水平有限，加之工业机器人控制技术发展迅速，因此，本书中存在不足在所难免，诚请广大读者批评指正。

为方便教学，本书配有免费的电子教学课件等，请有需要的教师登录华信教育资源网（http://www.hxedu.com.cn）免费注册后进行下载，如有问题请在网站留言或与电子工业出版社联系（E-mail:hxedu@phei.com.cn）。

编　者

目　录

第1章
工业机器人电气控制系统的构成

项目内容及要求

教学描述	对工业机器人电气控制系统进行整体认识。认识工业机器人电气控制系统中各元件，理解其在电气控制系统中的作用，掌握各个电气元件的供电标准，理解各元件间的控制关系与控制逻辑
教学目标	1. 认识工业机器人控制系统中的各元件； 2. 理解其在电气控制系统中所起的作用； 3. 掌握各个电气元件的供电标准； 4. 理解各个元件间的控制关系与控制逻辑
知识目标	1. 掌握机器人的结构组成分类； 2. 掌握机器人的分类； 3. 掌握工业机器人电气控制系统的组成； 4. 掌握伺服控制系统、PLC控制系统、继电器控制系统的作用； 5. 掌握主要控制元件在控制系统中所起的作用； 6. 掌握主要控制元件在控制系统中的供电标准； 7. 掌握闭环控制原理
能力目标	1. 认识工业机器人的各个部件； 2. 认识工业机器人电气控制系统

"机器人"是一个新造词，它体现了人类长期以来的一种愿望，即创造出一种机器，代替人去做各种工作。

工业机器人是面向工业领域的多关节机械手或多自由度的机器人，是自动执行工作的机器装置，是靠自身动力和控制能力来实现各种功能的一种机器。它可以接受人类指挥，也可以按照预先编排的程序运行，现代的工业机器人还可以根据人工智能技术制定的原则纲领行动。

1.1 工业机器人的概念与分类

1.1.1 工业机器人的定义

在科技界，科学家会给每一个科技术语一个明确的定义，但是机器人问世已有几十年，机器人的定义仍是仁者见仁，没有统一的意见。原因就是机器人技术一直在高速发展，新的机型、新的功能不断涌现，其定义也不断被修改。

ISO对机器人的定义：机器人是一种自动的、位置可控的、具有编程能力的多功能操作机，这种操作机具有几个轴，能够借助可编程操作，处理各种材料、零件、工具和专用装置，执行各种任务。

日本工业机器人协会（JIRA）对机器人的定义：一种带有存储器件和末端操作器的通用机械，它通过自动化的动作代替人类劳动。

机器人技术是在控制工程、计算机科学、人工智能和机构学等多种学科基础上发展起来的一种综合性技术。20世纪60年代初，美国联合控制公司研制成功第一台数控机械手，标志着工业机器人的诞生。它是一种具有记忆存储能力的示教再现式机器人，被称为第一代机器人。20世纪70年代，出现了配备有感觉传感器的第二代工业机器人，它能够对环境和作业对象进行判断、修正和选择，具有一定的自适应能力。而具有智能的第三代工业机器人是从20世纪80年代开始研制的，新一代机器人不仅具有感知功能和简单的自适应能力，而且还具有灵活的思维功能。第三代智能机器人除了能完成体力劳动外，还具有与人脑相似的功能，能完成部分脑力劳动。随着计算机科学和传感技术的发展，机器人的智能化水平正在逐步提高。

研制工业机器人的目的在于辅助人类完成工作。在社会生产和科学实验等活动中，人们可以将那些单调、繁重，以及对健康有害、对生命有危险的劳动交给工业机器人去完成，以此改善人们的工作条件。工业机器人能用于各种生产领域，如物料搬运、涂装、点焊、弧焊、检测和装配等工作。它在柔性制造系统（FMS）、计算机集成制造系统（CIMS）和其他机电一体化系统中获得了广泛的应用，成为现代制造系统不可缺少的组成部分。

近年来，特别是发达国家，工业机器人的研制和应用受到了前所未有的重视，其发展速度之快超越了历史上任何时期。

1.1.2 工业机器人的分类

工业机器人分类的方法很多，这里仅按其系统功能、驱动方式及结构形式进行分类。

1. 按系统功能分

1）专用机器人

这种工业机器人在固定地点以固定程序工作，无独立的控制系统，具有动作少、工作对象单一、结构简单、使用可靠和造价低的特点，如附属于加工中心机床上的自动换刀机械手。

2）通用机器人

它是一种独立控制系统、动作灵活多样，通过改变控制程序能完成多作业的工业机器人。它的结构较复杂，工作范围大，定位精度高，通用性强，适用于不断变换生产品种的柔性制造系统。

3）示教再现式机器人

这种工业机器人具有记忆功能，可完成复杂动作，适用于多工位和经常变换工作路线的作业。它比一般通用机器人的先进之处在编程方法上，能采用示教法进行编程，由操作者通过手动控制，"示教"机器人做一遍操作示范，完成全部动作过程以后，其存储装置便能记忆所有这些工作的顺序。此后，它便能"再现"操作者教给它的动作。

4）智能机器人

这种机器人具有视觉、听觉、触觉等各种感觉功能，能够通过比较识别做出决策，自动进行反馈补偿，完成预定的工作。

2. 按驱动方式分

1）电气驱动机器人

它是由交、直流伺服电动机、直线电动机或功率步进电动机驱动的工业机器人。它不需要中间转换机构，故机械结构简单。近年来，机械制造业大部分采用这种工业机器人。

2）气压传动机器人

它是一种以压缩空气来驱动执行机构运动的工业机器人，具有动作迅速、结构简单、成本低的特点。但因空气具有可压缩性，往往会造成其工作稳定性差。一般抓重不超过30kg，适用于高速、轻载、高温和粉尘大的环境中作业。

3. 按结构形式分

1）直角坐标机器人

直角坐标机器人的主机架由三个相互正交的平移轴组成，具有结构简单、定位精度高的特点。结构示意图见图1-1。

2）圆柱坐标机器人

圆柱坐标机器人由立柱和一个安装在立柱上的水平臂组成。立柱安装在回转机座上，水平臂可以伸缩，它的滑鞍可沿立柱上下移动。因而，它具有一个旋转轴和两个平移轴，结构示意图见图1-2。

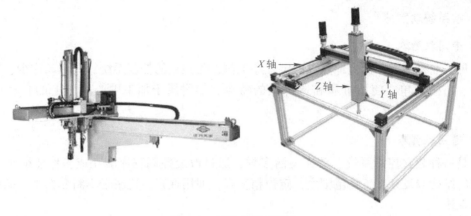

图 1-1　直角坐标机器人

3）关节机器人

关节机器人手臂的运动类似于人的手臂，由大小两臂的立柱等机构组成。大小臂之间用铰链连接形成肘关节，大臂和立柱连接形成肩关节，可实现三个方向的旋转运动。它能够抓取靠近机座的物件，也能绕过机体和目标间的障碍物去抓取物件，具有较高的运动速度和极好的灵活性，成为最通用的机器人。结构示意图见图 1-3。

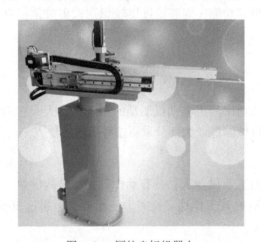

图 1-2　圆柱坐标机器人

图 1-3　关节坐标机器人

1.2　工业机器人的组成

工业机器人一般由控制系统、驱动系统、位置检测机构及执行机构等几部分组成。

1.2.1　控制系统

控制系统是工业机器人的大脑，支配着机器人按规定的程序运动，并记忆人们给予的指令信息（如动作顺序、运动轨迹、运动速度等），同时按其控制系统的信息对执行机构发出执行指令。

1.2.2　驱动系统

驱动系统是按照控制系统发来的控制指令驱动执行机构运动的装置。常用电气、液压、气压等驱动形式。

1.2.3　位置检测装置

通过速度、位置、触觉、视觉等传感器检测工业机器人的运动位置、运动速度和工作状态，并随时反馈给控制系统，以便使执行机构到达设定的位置。

1.2.4　执行机构

执行机构是一种具有和人手相似的动作功能，可在空间抓持物体或执行其他操作的机械装置，主要包括如下的一些部件。

手部：又称抓取机构或夹持器，用于直接抓取工件或工具。此外，在手部安装的某些专用工具，如焊枪、喷枪、电钻、螺钉/螺帽拧紧器等，可视为专用的特殊手部。

腕部：是连接手部和手臂的部件，用以调整手部的姿态和方位。

手臂：是支撑手腕和手部的部件，由动力关节和连杆组成。用以承受工件或工具载荷，改变工件或工具的空间位置，并将它们送至预定的位置。

机座：包括立柱，是整个工业机器人的基础部件，起着支撑和连接的作用

1.3　工业机器人的控制和编程

1.3.1　工业机器人的控制原理

控制系统是工业机器人的重要组成部分，它使工业机器人按照作业要求去完成各种任务。由于工业机器人的类型较多，其控制系统的形式也是多种多样的。按照控制回路的不同可将工业机器人控制系统分为开环式和闭环式；按对工业机器人手部运动控制轨迹的不同，可分为点位控制和连续控制。

最常见的控制系统是闭环控制系统。控制系统把位置控制指令送到系统的比较器，再跟反映工业机器人实际位置的反馈信号进行比较，得到位置差值，将其差值加以放大，驱动伺服电动机旋转，使工业机器人某一环节运动。工业机器人新的运动位置经检测再次送到比较器与位置指令比较，产生新的误差信号，误差信号继续控制工业机器人运动，这个过程一直持续到误差信号为零为止。

目前最为常见的编程系统为"示教再现式"系统。这种控制系统的工作过程被分为"示教"和"再现"两个阶段。在示教阶段，由操作者拨动示教盒上的开关按钮，手动控制工业机器人，使它按需要的姿势、顺序和路线进行工作。此时，工业机器人会将示教的各种信息通过反馈回路逐一返回到记忆装置中存储起来。在实际工作时，拨动控制面板上的相应开关就可使工业机器人转入再现阶段，于是工业机器人便从记忆装置中依次读出在示教阶段所存储的信息，利用这些信息去控制工业机器人再现示教阶段的动作。这种控制方法的优点在于，工业机器人一边工作一边可自动完成作业程序的编制，省去了编程的麻烦。此外，操作

人员在示教时可以随时用眼睛监视工业机器人的各种动作，可以避免发生错误指令，产生错误动作。

在点位控制机器人中（如点焊机器人），每个运动轴通常都是单独驱动的，各个运动轴相互协调运动，实现各个坐标点的精确控制。在示教状态下，操作者使用示教盒上的控制按钮，分别移动各个运动轴，使工业机器人臂部到达一个个控制点，按下示教盒编程按钮存储各个控制点的位置信息。再现或自动操作时，各个坐标轴以相同的速度互不相关地进行运动。哪个运动轴移动距离短便先到达控制点，自动停止下来等待其他运动轴。就这样，完成一个控制点的运动。由此可见，点位控制是控制点与点的位置，它们之间所经过的路线不必考虑，也很难预料。

在轮廓机器人中（如涂装、弧焊机器人），其控制与数控机床比较相似，它对连续轨迹进行离散化处理，用许多小间隔的空间坐标点表示曲线，将这些坐标点存储在存储器内。在示教时，操作者可以直接移动工业机器人或使用手臂引导工业机器人通过预期的路径来编制这个运动程序，控制器按一定的时间增量记下工业机器人的有关位置，时间增量可在每秒 5 ~ 80 个点的范围内变化。存储时，不仅要将位置信息、动作顺序存储起来，还必须将工业机器人动作的时间信息一起存储到存储器中，以便控制工业机器人的运动速度。再现时，工业机器人运动的位置信息从存储器上读出，送到控制器中控制工业机器人完成规定的动作。

值得说明的是，由计算机控制的现代工业机器人大都具有轨迹插补功能。这样，工业机器人在操作使用方便性和工作精度方面都得到了大大提高。

1.3.2　工业机器人的编程方法

工业机器人的编程是与其所采用的控制系统相一致的，因而，不同工业机器人的运行程序的编程也有不同的方法，常用的编程方法有示教法和离线编程法等。

1. 手控示教编程

这是一种最简单，也是一种最常用的机器人编程方法。对于点位控制机器人和连续轨迹机器人有着不同的示教方法。点位控制机器人示教编程时，是通过示教盒上的按钮，逐一地使工业机器人的每个运动轴动作，到达需要编程点位置后，操作者就将这一点的位置信息存储在其存储器内。每个控制点的程序都要经过一次这样的编程过程。

而连续轨迹机器人示教编程时则通过操作者握住工业机器人的手部，以要求的速度通过需要的路线进行示教，同时由存储器记录每个运动轴的连续位置。但是，由于有些工业机器人传动系统和某些传动元件（如齿轮、丝杆）的关系，不可能由操作者拖着工业机器人的手部进行运动。因而，这类工业机器人往往附设一个没有驱动元件并装有反馈装置的工业机器人模拟机，通过这种模拟机对工业机器人进行示教编程。操作者牵着模拟机通过所要求的路径，同时将每个运动轴的移动信息按一定的频率进行采样，并将采样信息处理后存入计算机。

这种编程方法的优点是通过示教直接产生工业机器人的控制程序，较为方便。但也有运动轨迹准确不高、不能得到正确的运动速度、需要相当大的存储容量等缺点。

2. 离线编程法

由计算机控制的工业机器人一般都采用离线编程法，这种方法与 NC 机床编程方法相似。它能用某种编程语言在计算机终端上离线为工业机器人编制程序，然后将编制好的程序输入

工业机器人存储器，随时供其使用。离线编程的优点在于：

（1）设备利用率高，不会因编程而影响工业机器人执行任务。

（2）便于信息集成，可将工业机器人控制信息集成到 CAD/CAM 数据库和信息系统中。在现代机械制造系统中，工业机器人编程可由先进的 CAD/CAM 系统来完成，这和 CAD/CAM 系统编制 NC 零件加工程序完全一样。

1.4　工业机器人电气控制系统的构成

工业机器人电气控制系统主要由 IPC 单元、示教器单元、PLC 单元、伺服驱动器等单元组成，本书主要以华数 HSR-JR608 型工业机器人为例来说明。各个单元间的连接关系见图 1-4。

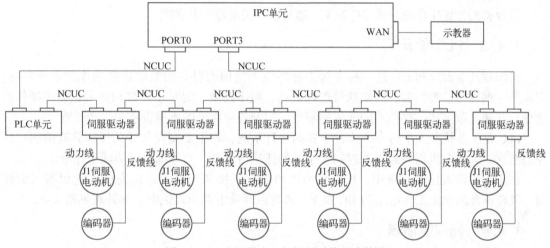

图 1-4　工业机器人电气控制系统基本构成

由图 1-4 可见，IPC 单元、PLC 单元和伺服驱动器通过 NCUC 总线连接到一起，完成相互之间的通信工作。IPC 单元是整个总线系统的主站，PLC 单元与伺服驱动器是从站。NCUC 总线接线是从 IPC 单元的 PORT0 口开始，连接到第一个从站的 IN 口，从第一个从站 OUT 口出来的信号接入下一从站的 IN 口，以此类推，逐个相连，把各个从站串联起来，从最后一个从站的 OUT 口出来连接到主站 IPC 单元的 PORT3 口上，完成了总线的连接。

1.4.1　IPC 单元

IPC 单元是工业机器人的运算控制系统。工业机器人在运动中的点位控制、轨迹控制、手爪空间位置与姿态的控制等都是由它发布控制命令的。它由微处理器、存储器、总线、外围接口组成。它通过总线把控制命令发送给伺服驱动器，也通过总线收集伺服电动机的运行反馈信息，通过反馈信息来修正工业机器人的运动。IPC 单元的外观见图 1-5。

IPC 单元的额定工作电压是 DC 24 V，通常由开关电源为其供电。

1.4.2　示教器单元

示教器单元是工业机器人的人机交互系统。通过该设备，操作人员可对工业机器人发布控制命令、编写控制程序、查看其运动状态、进行程序管理等操作，示教器单元的外观见图 1-6。

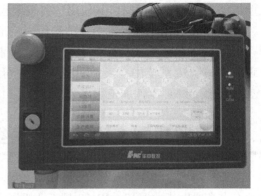

图 1-5　IPC 单元的外观　　　　　　　图 1-6　示教器单元的外观

该设备的额定工作电压为 DC 24 V，通常由开关电源为其供电。

1.4.3　PLC 单元

可编程控制器（PLC）是一种专为工业环境下应用而设计的数字运算操作的电子系统。它采用可编程序的控制器，用来执行逻辑运算、顺序控制、定时、计数和算术运算等操作的指令，并通过数字式、模拟式的输入和输出，控制各种类型的机械设备和生产过程。

PLC 是工业机器人中另一个非常重要的运算系统，它主要完成与开关量运算有关的一些控制要求，如工业机器人急停的控制、手爪的抓持与松开、与外围设备协同工作等。

在工业机器人控制系统中，IPC 单元和 PLC 单元协调配合，共同完成工业机器人的控制。PLC 单元的额定工作电压为 DC 24 V，通常由开关电源为其供电。其外观见图 1-7。

1.4.4　伺服驱动器

伺服驱动器接收来自 IPC 单元的进给指令，这些指令经过驱动装置的变换和放大后转变成伺服电动机进给的转速、转向与转角信号，从而带动机械结构按照指定要求准确运动。因此，伺服驱动器是 IPC 单元与工业机器人本体的联系环节。

HSV160U 伺服驱动器的额定工作电压是三相交流 220 V，而在企业中动力电源都是三相380 V，这就需要伺服变压器把三相交流 380 V 的电源变成三相交流 220 V，为伺服驱动器供电。其外观见图 1-8。

图 1-7　PLC 单元的外观　　　　　　　图 1-8　伺服驱动器的外观

1.4.5 伺服电动机

伺服电动机将伺服驱动器的输出转变为机械运动,它与伺服驱动器一起构成伺服控制系统,该系统是 IPC 单元和工业机器人传动部件间的联系环节。伺服电动机可分为直流伺服电动机和交流伺服电动机,目前应用最多的是交流伺服电动机,对交流伺服的研究与开发是现代控制技术的关键技术之一。

伺服电动机是由伺服驱动器进行供电的,所提供的电能是一种电压、电流、频率随指令的变化而变化的电能。其外观见图 1-9。

1.4.6 光电式脉冲编码器

闭环控制是提高工业机器人控制系统运动精度的重要手段,而位置检测传感器则是构成闭环控制必不可少的重要元件。位置检测传感器对控制对象的实际位置进行检测,并将位置信息传送给运动控制器,控制器将指令信息与反馈信息进行比较得出差值,利用差值对控制目标做出修调。

编码器在工业机器人控制系统中用于检测伺服电动机的转角、转速和转向信号,该信号将反馈给伺服驱动器和 IPC 单元,在伺服驱动器内部进行速度控制,在 IPC 单元内部进行转角控制。编码器的外观见图 1-10。

图 1-9　伺服电动机的外观　　　　图 1-10　编码器的外观

1.5 工业机器人电气柜控制系统

1.5.1 伺服控制系统

伺服控制系统是一种能够跟踪输入的指令信号进行动作,从而获得精确的位置、速度及动力输出的自动控制系统。如防空雷达控制就是一个典型的伺服控制过程,它以空中的目标为输入指令,雷达天线要一直跟踪目标,为地面炮台提供目标方位;加工中心的机械制造过程也是伺服控制过程,位移传感器不断地将刀具进给的位移传送给计算机,通过与加工位置目标比较,由计算机输出继续加工或停止加工的控制信号;机电一体化系统中的伺服控制是为执行机构按设计要求实现运动而提供控制和动力的重要环节。

在工业机器人电气控制系统中,由 IPC 单元、伺服驱动器、伺服电动机和光电式编码器构成伺服控制系统。在该控制系统中，IPC 单元作为控制核心，发出控制命令，该命令被伺服驱动器接收，之后驱动伺服电动机按照指令要求运动。伺服电动机的运动情况由光电式脉冲编码器检测，编码器将检测结果反馈给伺服驱动器和 IPC 单元，用于修正给定的指令，这个过程一直持续到误差信息为零为止。

1.5.2 PLC 控制系统

PLC 控制系统主要完成开关量的控制工作，它的控制内容包括急停处理、限位保护、各个轴的抱闸等。

工业机器人通常不是单独完成某些工作的，都是和其他自动化设备组成工业控制系统完成具体的工作。在组成工业控制系统的过程中，需要 PLC 与外部设备进行通信，使工业机器人与外部设备协调工作。

1.5.3 继电控制系统

继电控制系统是利用具有继电特性的元件进行控制的自动控制系统。所谓继电特性是指在输入信号作用下输出仅为通、断状态的特性，所以继电控制也称通断控制。由于 PLC 技术的发展，继电控制系统在电气控制系统中逐步被 PLC 取代，但是 PLC 至今也无法完全代替继电控制系统。

第2章 工业机器人交流供电电路

项目内容及要求

教学描述	完成工业机器人电气控制系统交流供电电路的安装与调试
教学目标	1. 利用低压断路器对工业机器人电气柜进行供电与保护； 2. 利用熔断器对工业机器人电气柜进行短路保护； 3. 利用变压器对交流伺服驱动器进行供电； 4. 完成伺服驱动器与伺服电动机动力线的连接工作； 5. 能准确识读电气原理图，掌握电气原理图的绘制原则
知识目标	1. 掌握变压器、接触器、低压断路器、开关电源的作用、结构与工作原理； 2. 掌握伺服驱动器的作用、接口定义与工作原理； 3. 掌握电气原理图的绘制规则
能力目标	1. 能对工业机器人电气柜内的交流供电电路进行连接； 2. 能对所使用的低压电器进行选择与连接； 3. 能对伺服驱动器与电动机进行正确连接； 4. 能正确识读电气原理图

2.1 低压断路器

低压断路器通常称自动开关或空气开关，具有控制电器和保护电器的复合功能，可用于设备主电路及分支电路的通断控制。当电路发生短路、过载或欠压等故障时能自动分断电路，也可用作不频繁地直接接通和断开电动机电路。

低压断路器的种类繁多，按其用途和结构特点分为 DW 型框架式（或称万能式）断路器、DZ 型塑料外壳式（或称装置式）断路器、DS 型直流快速断路器和 DWX 型/DWZ 型限流式断路器等。

框架式断路器规格、体积都比较大，主要用作配电线路的保护开关；而塑料外壳式断路器相对较小，除用作配电线路的保护开关外，还可用作电动机、照明电路及电热电路的控制，因此机电设备主要使用塑料外壳式断路器，见图 2-1。下面以塑料外壳式断路器为例，简要介绍其结构、工作原理、使用与选用方法。

图 2-1 塑料外壳式断路器

2.1.1 低压断路器的结构与工作原理

低压断路器主要由三个基本部分组成，即触点、灭弧系统和各种脱扣器，脱扣器又包括过流脱扣器、欠压脱扣器、热脱扣器、分励脱扣器和自由脱扣器。图 2-2 是断路器工作原理示意图及图形符号。

低压断路器合闸或分断操作是靠操作机构手动或电动进行的，合闸后自由脱扣机构将触点锁在合闸位置上，使触点闭合。当电路发生故障时，通过各自的脱扣器使自由脱扣机构动作，以实现起保护作用的自动分断。

过流脱扣器、欠压脱扣器和热脱扣器实质都是电磁铁。在正常情况下，过流脱扣器的衔铁是释放的，电路一旦发生严重过载或短路故障时，与主电路串联的线圈将产生较强的电磁吸力吸引衔铁，从而推动杠杆顶开锁钩，使主触点断开。欠压脱扣器的工作情况恰恰相反，在电压正常时，吸住衔铁才不影响主触点的闭合，一旦电压严重下降或断电时，电磁吸力不足或消失，衔铁被释放而推动杠杆，使主触点断开。热脱扣器是在电路发生轻微过载时，过载电流不立即使脱扣器动作，但能使热元件产生一定的热量，促使双金属片受热向上弯曲，

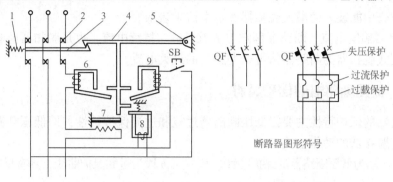

1—分闸弹簧；2—主触点；3—传动杆；4—锁扣；5—轴；6—过流脱扣器；
7—热脱扣器；8—欠压脱扣器；9—分励脱扣器

图 2-2　断路器工作原理示意图及图形符号

当持续过载时双金属片推动杠杆使搭钩与锁钩脱开，将主触点分开。

注意，低压断路器由于过载而分断后，应等待 2～3min，待热脱扣器复位才能重新操作接通。

分励脱扣器可作为远距离控制断路器分断之用。

低压断路器因其脱扣器的组装不同，其保护方式、保护作用也不同。一般在图形符号中标注其保护方式，如图 2-2 所示的断路器图形符号中标注了失压、过载、过流三种保护方式。

2.1.2　低压断路器的型号含义和主要技术参数

1. 低压断路器的型号含义

低压断路器的型号含义如图 2-3 所示。

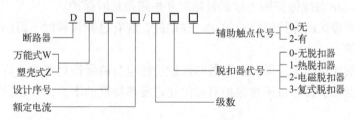

图 2-3　低压断路器的型号含义

2. 主要技术参数

1）额定电压

（1）额定工作电压。低压断路器的额定工作电压指其通断能力及使用类别相关的电压值。对于多相电路是指相间的电压值。

（2）额定绝缘电压。额定绝缘电压是断路器的最大工作电压。在任何情况下，最大工作电压都不超过绝缘电压。

2）额定电流

（1）低压断路器壳架等级额定电流。低压断路器壳架等级额定电流用尺寸和结构相同的框架或塑料外壳中能装入的最大脱扣器额定电流来表示。

（2）断路器额定电流。断路器额定电流就是额定持续电流，也是脱扣器能长期通过的电流。对带可调式脱扣器的断路器指可长期通过的最大电流。

2.1.3 低压断路器的保护特性

低压断路器的保护特性主要指低压断路器过载和过流保护特性，即低压断路器动作时间与过载和过流脱扣器的动作电流关系。

如图2-4所示为低压断路器的保护特性。其中，*ab*段为过载保护曲线，具有反时限特性。

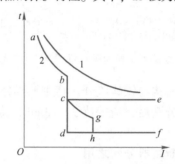

1—被保护对象的发热特性；2—低压断路器保护特性

图2-4 低压断路器的保护特性

*df*段为瞬时动作曲线，当故障电流超过*d*点对应电流时，过流脱扣器便瞬时动作。

*bce*段为定时限动作曲线，当故障电流超过*c*点对应电流时，过流脱扣器经短时延时后动作，延时长短由*c*点与*d*点对应的时间差决定。

根据需要，低压断路器的保护特性可以是两段式，如*abdf*曲线，既有过载延时，又有短路瞬时保护；而*abce*曲线保护则为过载长延时和短路短延时保护。

另外还可有三段式的保护特性，如*abcghf*曲线，既有过载长延时、短路短延时，又有特大短路的瞬时保护。

为达到良好的保护作用，低压断路器的保护特性应与被保护对象的允许发热特性合理配合，即低压断路器保护特性位于被保护对象的允许发热特性的下方，并以此来合理选择断路器的保护特性。

2.1.4 低压断路器典型产品

1. 塑料外壳式低压断路器

塑料外壳式低压断路器的外壳是绝缘的，内装触点系统、灭弧室及脱扣器等，可手动或电动（对大容量低压断路器而言）操作，有较高的分断能力和稳定性，有较完善的选择性保护功能，用途广泛。

目前机电设备常用的有DZ5、DZ20、DZX19、DZ108和C45N（目前已升级为C65N）等系列产品。其中，C45N（C65N）低压断路器具有体积小、分断能力高、限流性能好、操作轻便、型号规格齐全、可以方便地在单极结构基础上组合成二极/三极/四极断路器等优点，广泛使用在60A及以下的支路中。以DZ5系列低压断路器为例，其主要技术参数见表2-1。

表 2-1　DZ5 系列低压断路器主要技术参数

型　号	额定电压（V）	额定电流（A）	极数	脱扣器类别	热脱扣器额定电流（A）	电磁脱扣器瞬时动作整定值（A）
DZ5-20/200	交流380	20	2	无脱扣器	—	—
DZ5-20/300			3			
DZ5-20/210			2	热脱扣器	0.15（0.10～0.15）0.20（0.15～0.20）	为热脱扣器额定电流的 8～12 倍（出厂时整定为 10 倍）
DZ5-20/310			3			
DZ5-20/220	直流220		2	电磁脱扣器	0.30（0.20～0.30）0.45（0.30～0.45）1（0.65～1）1.5（1～1.5）3（2～3）4.5（3～4.5）10（6.5～10）15（10～15）	为热脱扣器额定电流的 8～12 倍（出厂时整定为 10 倍）
DZ5-20/320			3			
DZ5-20/230			2	复式脱扣器		
DZ5-20/330			3			

2. 漏电保护型低压断路器

漏电保护型低压断路器又称为漏电保护自动开关。常用它作为低压交流电路中电动机过载、短路、漏电保护等。

漏电保护型低压断路器主要由三部分组成：自动开关、零序电流互感器和漏电脱扣器。实际上，漏电保护型低压断路器就是在一般的低压断路器的基础上增加了零序电流互感器和漏电脱扣器来检测漏电情况。当有人身触电或设备漏电时能够迅速切断故障电路，避免人身和设备受到危害。

常用的漏电保护型低压断路器有电磁式和电子式两大类。电磁式漏电保护型低压断路器又分为电压型和电流型。

电流型的漏电保护型低压断路器比电压型的性能优越，所以目前使用的大多数漏电保护型低压断路器为电流型。

3. 智能型低压断路器

智能型低压断路器的特点是采用了以微处理器或单片机为核心的智能控制器（智能脱扣器），它不仅具备普通低压断路器的各种保护功能，同时还具备实时显示电路中的各种电气参数（电流、电压、功率、功率因数等），对电路进行在线监视、自行调节、测量、试验、自诊断、通信等功能，能够对各种保护功能的动作参数进行显示、设定和修改，保护电路动作时的故障参数能够存储在非易失存储器中以便查询。国内 DW45、DW40、DW914（AH）、DW18（AE-S）、DW48、DW19（3WE）、DW17（ME）等智能化框架低压断路器和智能化塑壳低压断路器，都配有 ST 系列智能控制器及配套附件，它采用积木式配套方案，可直接安装于低压断路器中，无须重复接线，并可多种方案任意组合。

2.1.5　低压断路器的选用与维护

1. 低压断路器的选用

（1）根据电路对保护的要求确定低压断路器的类型和保护形式。

（2）低压断路器的额定电压应等于或大于被保护电路的额定电压。

（3）低压断路器欠压脱扣器的额定电压应等于被保护电路的额定电压。

（4）低压断路器的额定电流及过流脱扣器的额定电流应大于或等于被保护电路的计算电流。

（5）低压断路器的极限分断能力应大于电路的最大短路电流的有效值。

（6）电路中的上、下级低压断路器的保护特性应协调配合，下级的保护特性应位于上级保护特性的下方且不相交。

（7）低压断路器的长延时脱扣电流应小于导线允许的持续电流。

2．低压断路器的维护

（1）在安装低压断路器时应注意把来自电源的母线接到开关灭弧罩一侧（上口）的端子上，来自电气设备的母线接到另外一侧（下口）的端子上。

（2）低压断路器投入使用时应按照要求先整定热脱扣器的动作电流，以后就不能再随意旋动有关的螺钉和弹簧了。

（3）发生断路、短路事故后，应立即对触点进行清理，检查有无损坏，清除金属熔粒、粉尘等，特别要把散落在绝缘体上的金属粉尘清除干净。

（4）在正常情况下，应每6个月对开关进行一次检修，清除灰尘。

3．低压断路器常见故障及修理方法

低压断路器在使用时可能出现一些故障，表2-2列出了一些常见故障、产生原因和修理方法。

表2-2　低压断路器常见故障、产生原因和修理方法

故 障 现 象	产 生 原 因	修 理 方 法
手动操作低压断路器不能闭合	1. 电源电压太低 2. 热脱扣器的双金属片尚未冷却复原 3. 欠压脱扣器无电压或线圈损坏 4. 储能弹簧变形，导致闭合力减小 5. 反作用弹簧力过大	1. 检查电路并调高电源电压 2. 待双金属片冷却后再合闸 3. 检查电路，施加电压或调换线圈 4. 调换储能弹簧 5. 重新调整弹簧反力
电动操作低压断路器不能闭合	1. 电源电压不符 2. 电源容量不够 3. 电磁铁拉杆行程不够 4. 电动机操作定位开关变位	1. 调换电源 2. 增大操作电源容量 3. 调整或调换拉杆 4. 调整定位开关
电动机启动时低压断路器立即分断	1. 过流脱扣器瞬时整定值太小 2. 脱扣某些零件损坏 3. 脱扣器反力弹簧断裂或落下	1. 调整瞬间整定值 2. 调换脱扣器或损坏的零部件 3. 调换弹簧或重新装好弹簧
分励脱扣器不能使低压断路器分断	1. 线圈断路 2. 电源电压太低	1. 调换线圈 2. 检修线路，调整电源电压
欠压脱扣器噪声大	1. 反作用弹簧力太大 2. 铁芯工作面有油污 3. 短路环断裂	1. 调整反作用弹簧 2. 清除铁芯油污 3. 调换铁芯
欠压脱扣器不能使低压断路器分断	1. 反作用弹簧力变小 2. 储能弹簧断裂或弹簧力变小 3. 机构生锈卡死	1. 调整弹簧 2. 调换或调整储能弹簧 3. 清除锈污

2.2　接触器

接触器是机电设备电气控制中重要的电气元件，可以频繁地接通或分断交、直流电路，并可实现远距离控制。其主要控制对象是电动机，也可用于其他负载。接触器不仅能实现远距离自动操作及欠压和失压保护功能，而且具有控制容量大、过载能力强、工作可靠、操作频率高、使用寿命长、设备简单经济等特点，所以它是在电气控制线路中使用最广泛的电气元件。

接触器按其通断电流的种类可分为直流接触器和交流接触器；按其主触点的极数可分单极、双极、三极、四极、五极等，单极、双极多为直流接触器。目前使用较多的是交流接触器。CJ20 系列交流接触器结构示意图如图 2-5 所示。

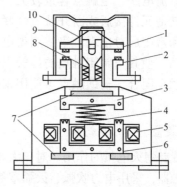

1—动触点；2—静触点；3—衔铁；4—弹簧；5—线圈；6—铁芯；
7—垫毡；8—触点弹簧；9—灭弧罩；10—触点压力弹簧

图 2-5　CJ20 系列交流接触器结构示意图

2.2.1　交流接触器的结构

交流接触器主要由电磁机构、触点系统、灭弧装置和其他辅助部件组成。结构示意图如图 2-5 所示，接触器的外形如图 2-6 所示，文字符号如图 2-7 所示。

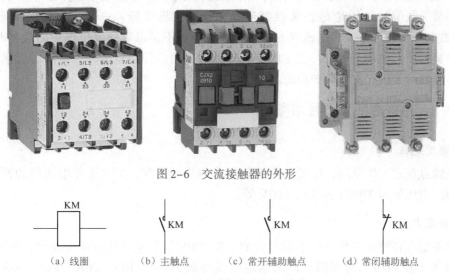

图 2-6　交流接触器的外形

（a）线圈　　　（b）主触点　　　（c）常开辅助触点　　　（d）常闭辅助触点

图 2-7　交流接触器的文字符号

1. 电磁机构

电磁机构用来操作触点闭合与分断，包括静铁芯、吸引线圈、动铁芯（衔铁）。铁芯用硅钢片叠成，以减少铁芯中的铁损耗，在铁芯端部极面上装有短路环，其作用是消除交流电磁铁在吸合时产生的震动和噪声。

2. 触点系统

触点系统起接通和分断电路的作用，包括主触点和辅助触点。主触点用于接通或断开主电路或大电流电路，主触点容量较大，一般为三极。辅助触点用于通断小电流的控制电路，起控制其他元件接通或断开及电气联锁作用，辅助触点容量较小。辅助触点在结构上通常是常开和常闭成对出现。当线圈得电后，衔铁在电磁吸力的作用下吸向铁芯，同时带动动触点移动，使其与常闭触点的静触点分开，与常开触点的静触点接触，实现常闭触点断开，常开触点闭合。辅助触点不能用来断开主电路。主触点、辅助触点一般采用桥式双断点结构。

3. 灭弧装置

灭弧装置起熄灭电弧的作用。对于大容量的接触器，常采用窄缝灭弧及栅片灭弧；对于小容量的接触器，采用电力吹弧、灭弧罩等。

4. 其他部件

主要包括恢复弹簧、缓冲弹簧、触点压力弹簧、传动机构及外壳等。

2.2.2 交流接触器的工作原理

交流接触器的工作原理简单地说就是电磁感应原理。当吸引线圈通电后，线圈电流在铁芯中产生磁通，该磁通对衔铁产生克服复位弹簧反力的电磁吸力，动铁芯被吸合从而带动触点动作。触点动作时，常闭触点先断开，常开触点后闭合。当吸引线圈断电或线圈中的电压值降低到某一数值时（无论是正常控制还是欠压、失压故障，一般降至线圈额定电压的85%），铁芯中的磁通下降，电磁吸力减小。当减小到不足以克服复位弹簧的反力时，衔铁在复位弹簧的反力作用下复位，使主触点、辅助触点的常开触点断开，常闭触点恢复闭合。这就是接触器的欠压、失压保护功能。

2.2.3 接触器的主要技术参数

1）额定电压

指主触点额定工作电压，应等于负载的额定电压。通常，最大工作电压即为额定电压。常用的额定电压值为220V、380V、660V等。

2）额定电流

接触器触点在额定工作条件下的电流值。在380V三相电动机控制电路中，额定工作电流可近似等于控制功率的两倍。常用额定电流等级为5A、10A、20A、40A、60A、100A、150A、250A、400A、600A。

3）通断能力

可分为最大接通电流和最大分断电流。最大接通电流指触点闭合时不会造成触点熔焊的最大电流值；最大分断电流指触点断开时能可靠灭弧的最大电流。一般通断能力是额定电流的 5 ～ 10 倍。当然，这一数值与开断电路的电压等级有关，电压越高，通断能力越小。

4）动作值

可分为吸合电压和释放电压。吸合电压指接触器吸合前，缓慢增加吸合线圈两端的电压，是接触器可以吸合时的最小电压。释放电压指接触器吸合后，缓慢降低吸合线圈的电压，是接触器释放时的最大电压。一般规定，吸合电压不低于线圈额定电压的 85%，释放电压不高于线圈额定电压的 70%。

5）吸引线圈额定电压

它是接触器正常工作时，吸引线圈上所加的电压值。一般该电压值及线圈的匝数、线径等数据均标于线包上，而不是标于接触器外壳铭牌上，使用时应加以注意。

6）操作频率

接触器在吸合瞬间，吸引线圈需消耗比额定电流大 5 ～ 7 倍的电流，如果操作频率过高，则会使线圈严重发热，直接影响接触器的正常使用。为此，规定了接触器的允许操作频率，一般为每小时允许操作次数的最大值。

7）寿命

包括电气寿命和机械寿命。目前接触器的机械寿命已达 1000 万次以上，电气寿命为机械寿命的 5% ～ 20%。

另外，接触器还有个使用类别的问题。这是由于接触器用于不同负载时，对主触点的接通和分断能力的要求不一样，而不同类别的接触器是根据其不同控制对象（负载）的控制方式规定的。根据低压电器基本标准的规定，接触器的使用类别比较多。在电力拖动控制系统中，接触器常见的使用类别及典型用途见表 2-3。

表 2-3　接触器常见的使用类别及典型用途

电流种类	使用类别代号	典型用途
AC	AC - 1 AC - 2 AC - 3 AC - 4	无感或微感负载、电阻炉 绕线式电动机的启动和中断 笼形电动机的启动和中断 笼形电动机的启动、反接制动、反向和点动
DC	DC - 1 DC - 3 DC - 5	无感或微感负载、电阻炉 电动机的启动、反接制动、反向和点动 串励电动机的启动、反接制动、反向和点动

接触器的使用类别代号通常标注在产品的铭牌或工作手册中。表 2-3 中要求接触器主触点达到的接通和分断能力为：AC - 1 和 DC - 1 类允许接通和分断额定电流；AC - 2、DC - 3 和 DC - 5 类允许接通和分断 4 倍的额定电流；AC - 3 类允许接通 6 倍的额定电流和分断额定电流；AC - 4 类允许接通和分断 6 倍的额定电流。

2.2.4　常用接触器

我国生产的交流接触器常用的有 CJ10、CJ12、CJX1、CJ20 等系列及其派生系列产品，

CJ0 系列及其改型产品已逐步被 CJ20、CJX 系列产品取代。上述系列产品一般具有三对常开主触点，各两对常开、常闭辅助触点。直流接触器常用的有 CZ0 系列，分单极和双极两大类，常开、常闭辅助触点各不超过两对。常用的直流接触器有 CZ18、CZ21、CZ22、CZ10 和 CZ2 等系列。

除以上常用系列外，我国近年来还引进了一些生产线，生产了一些满足 IEC 标准的交流接触器，如下所述。

CJ12B – S 系列锁扣接触器，应用于交流 50Hz、电压 380V 及以下、电流 600A 及以下的配电电路中，供远距离接通和分断电路用，并适用于不频繁启动和停止的交流电动机。具有正常工作时吸引线圈不通电、无噪声等特点。其锁扣机构位于电磁系统的下方。锁扣机构靠吸引线圈通电，吸引线圈断电后靠锁扣机构保持在锁住位置。由于线圈不通电，因此不仅无电力损耗，而且还消除了磁噪声。

由德国引进的西门子公司的 3TB 系列、BBC 公司的 B 系列交流接触器主要供远距离接通和分断电路，并适用于频繁启动及控制的交流电动机。3TB 系列产品具有结构紧凑、机械寿命和电气寿命长、安装方便、可靠性高等特点，额定电压为 220 ～ 660V，额定电流为 9 ～ 630A。

2.2.5　接触器的选用及维护

1. 接触器的选用

接触器应根据负荷的类型和工作参数合理选用。具体分为以下步骤。

1）选择接触器的类型

交流接触器按负荷种类一般分为一类、二类、三类和四类，分别记为 AC1、AC2、AC3 和 AC4。一类交流接触器对应的控制对象是无感或微感负荷，如白炽灯、电阻炉等；二类交流接触器用于绕线式异步电动机的启动和停止；三类交流接触器的典型用途是笼形异步电动机的运转和运行中分断；四类交流接触器用于笼形异步电动机的启动、反接制动、反转和点动。

2）选择接触器的额定参数

根据被控对象和工作参数，如电压、电流、功率、频率等确定接触器的额定参数。

（1）接触器的线圈电压一般应低一些为好，这样对接触器的绝缘要求可以降低，使用时也较安全。

（2）电动机的操作频率不高，如水泵、风机等，接触器额定电流大于负荷额定电流即可。接触器类型可选用 CJ10、CJ20 等。

（3）对重任务型电动机，如机床主电动机等，其平均操作频率超过 100 次/min，运行于启动、点动、正反向制动、反接制动等状态，可选用 CJ10Z、CJ12 型的接触器。为了保证电气寿命，可使接触器降容使用。选用时，接触器额定电流大于电动机额定电流。

（4）对特重任务电动机，如大型机床的主电动机等，操作频率很高，可达 600 ～ 12000 次/h，经常运行于启动、反接制动、反向等状态，接触器大致可按电气寿命及启动电流选用，接触器型号选 CJ10Z、CJ12 等。

（5）用接触器对变压器进行控制时，应考虑浪涌电流的大小。例如，交流主轴电动机的变压器等，一般可按变压器额定电流的 2 倍选取接触器，型号选 CJ10、CJ20 等。

2. 接触器的使用和维护

1）接触器的使用

（1）接触器安装前应先检查线圈的额定电压是否与实际需要相符。

（2）接触器的安装多为垂直安装，其倾斜角不得超过5°，否则会影响接触器的动作特性。安装有散热孔的接触器时，应将散热孔放在上下位置，以降低线圈的温升。

（3）接触器安装与接线时应将螺钉拧紧，以防振动松脱。

（4）接线器的触点应定期清理，若触点表面有电弧灼伤，则应及时修复。

2）常见故障及处理方法

接触器在使用时可能出现的故障很多，表2-4列出了一些常见故障、产生原因和修理方法。

表2-4 接触器常见故障、产生原因和修理方法

故障现象	产生原因	修理方法
接触器不吸合或吸不牢	1. 电源电压过低 2. 线圈断路 3. 线圈技术参数与使用条件不符 4. 铁芯机械卡阻	1. 调高电源电压 2. 调换线圈 3. 调换线圈 4. 排除卡阻物
线圈断电，接触器不释放或释放缓慢	1. 触点熔焊 2. 铁芯表面有油污 3. 触点弹簧压力过小或反作用弹簧损坏 4. 机械卡阻	1. 排除熔焊故障，修理或更换触点 2. 清理铁芯表面 3. 调整触点弹簧力或更换反作用弹簧 4. 排除卡阻物
触点熔焊	1. 操作频率过高或过载使用 2. 负载侧短路 3. 触点弹簧压力过小 4. 触点表面有电弧灼伤 5. 机械卡阻	1. 调换合适的接触器或减小负载 2. 排除短路故障更换触点 3. 调整触点弹簧压力 4. 清理触点表面 5. 排除卡阻物
铁芯噪声过大	1. 电源电压过低 2. 短路环断裂 3. 铁芯机械卡阻 4. 铁芯表面有油垢或磨损不平 5. 触点弹簧压力过大	1. 检查电路并提高电源电压 2. 调换铁芯或短路环 3. 排除卡阻物 4. 用汽油清洗表面或更换铁芯 5. 调整触点弹簧压力
线圈过热或烧毁	1. 线圈匝间短路 2. 操作频率过高 3. 线圈参数与实际使用条件不符 4. 铁芯机械卡阻	1. 更换线圈并找出故障原因 2. 调换合适的接触器 3. 调换线圈或接触器 4. 排除卡阻物

2.3 熔断器

熔断器是一种低压电路和电动机控制电路中最常用的保护电器。它具有结构简单、使用方便、价格低廉、控制有效的特点。熔断器串联在电路中，当电路或用电设备发生短路或过载时，熔体能自身熔断，切断电路，阻止事故蔓延，因而能实现短路或过载保护，无论是在

强电系统还是在弱电系统中都得到广泛的应用。

熔断器按结构可分为开启式、半封闭式和封闭式三种。封闭式熔断器又可分为有填料管式、无填料管式及有填料螺旋式等。熔断器按用途可分为一般工业用熔断器；保护硅元件用快速熔断器；具有两段保护特性、快慢动作熔断器；特殊用途熔断器，如直流牵引用熔断器、旋转励磁用熔断器及有限流作用并熔而不断的自复式熔断器等。

2.3.1 熔断器的作用原理及主要特性

1. 熔断器的作用原理

熔断器主要由熔体（俗称保险丝）和安装熔体的熔管（或熔座）组成。熔体一般由熔点较低、电阻率较高的合金或铅、锌、铜、银、锡等金属材料制成丝或片状。熔管是由陶瓷、玻璃纤维等绝缘材料做成的，在熔体熔断时还兼有灭弧作用。熔体串联在电路中，当电路的电流为正常值时，熔体由于温度低而不熔化。如果电路发生短路或过载时，电流大于熔体的正常发热电流，熔体温度急剧上升，超过熔体金属的熔点而熔断，分断故障电路，从而保护电路和设备。熔断器断开电路的物理过程可分为以下四个阶段：熔体升温阶段、熔体熔化阶段、熔体金属气化阶段及电弧的产生与熄灭阶段。

2. 熔断器的主要特性

1）安秒特性

它表示熔断时间 t 与通过熔体的电流 i 的关系。熔断器的安秒特性为反时限特性，即短路电流越大，熔断时间越短，这就能满足短路保护的要求。在特性中，有一个熔断电流与不熔断电流的分界线，与此相对应的电流称为最小熔断电流。熔体在额定电流下，绝不应熔断，所以最小熔断电流必须大于额定电流。

2）极限分断能力

通常指在额定电压及一定的功率因数（或时间常数）下切断短路电流的极限能力，用极限断开电流值 f 周期分量的有效值来表示。熔断器的极限分断能力必须大于电路中可能出现的最大短路电流值。

2.3.2 熔断器的符号及型号所表示的意义

熔断器在电气原理图中的图形符号如图 2-8 所示，文字符号为 FU。

熔断器的型号规格如图 2-9 所示，其中形式的表示如下：C 为瓷插式；L 为螺旋式；M 为无填料式；T 为有填料式；s 为快速式；Z 为自复式。如 RCIA-60 为瓷插式熔断器，额定电流为 60A，其中 I 为设计序号，A 表示结构改进代号。又如 RLl-60/50 为螺旋式熔断器，熔断器额定电流为 60A，所装熔体的额定电流为 50A。

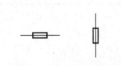

图 2-8　熔断器在电气
原理图中的图形符号

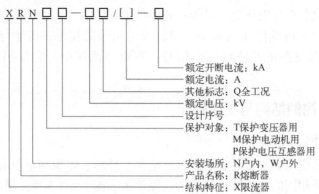

图 2-9　熔断器的型号规格

2.3.3　熔断器的选用、维护与更换

1. 熔断器的选用

（1）在选用熔断器时，应根据被保护电路的需要，首先确定熔断器的形式，然后选择熔体的规格，再根据熔体确定熔断器的规格。

（2）在选择熔体额定电流时，还应注意以下几个方面：熔体的额定电流在电路上应由前级至后级逐渐减小，否则会出现越级动作现象；另外也不应超过电路上导线的允许载流量；与电度表相连的熔断器，熔体的额定电流应小于电度表的额定电流。

（3）熔断器电压及电流的选择。要求如下：

① 熔断器的额定电压必须大于或等于电路的工作电压。

② 熔断器的额定电流必须大于或等于所装熔体的额定电流。

2. 熔断器的维护

运行中的熔断器应经常进行巡视检查，巡视检查的内容有：负荷电流应与熔体的额定电流相适应；有熔断信号指示器的熔断器应检查信号指示是否弹出；与熔断器连接的导体、连接点及熔断器本身有无过热现象，连接点接触是否良好；熔断器外观有无裂纹、脏污及放电现象；熔断器内部有无放电声。

在检查中，若出现异常现象，应及时修复，以保证熔断器的安全运行。

3. 更换熔体时的安全注意事项

熔体熔断后，首先应查明熔体熔断的原因，排除故障。熔体熔断的原因是由于过载还是短路可根据熔体熔断的情况进行判断。熔体在过载情况下熔断时，响声不大，熔丝仅在一两处熔断，变截面熔体只有小截面熔断，熔管内没有烧焦的现象；熔体在短路下烧断时响声很大，熔体熔断部位大，熔管内有烧焦的现象。根据熔断的原因找出故障点并予以排除。更换的熔体规格应与负荷的性质及电路的电流相适应。另外，更换熔体时，必须停电更换，以防触电。

2.4　变压器

变压器是利用电磁感应原理进行能量传输的一种电气设备。它能在保证输出功率不变的

工业机器人电气控制与维修

情况下，把一种幅值的交流电压变为另外一种幅值的交流电压。变压器的应用非常广泛，在电源系统中，它常用来改变电压的大小，以利于电信号的使用、传输与分配；在通信电路中，它常用来进行阻抗匹配及隔离交流信号；在电力系统中，它常用来电能传输与电能分配。

2.4.1 变压器的结构与工作原理

1. 变压器的结构

对于不同型号的变压器，尽管它们的具体结构、外形、体积和重量有很大的差异，但是它们的基本构成都是相同的，主要由铁芯和线圈组成。图2-10为变压器结构示意图。

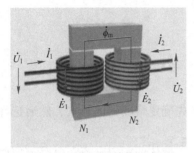

图2-10 变压器结构示意图

1）铁芯

铁芯是变压器磁路的主体部分，是变压器线圈的支撑骨架。铁芯由铁芯柱和铁轭两部分构成，线圈缠绕到铁芯柱上，铁轭用于连接铁芯柱，构成闭合的磁场回路。为了减少铁芯内交变磁通引起的磁滞损耗与涡流损耗，铁芯通常由表面涂有漆膜，厚度为0.35mm或0.5mm的硅钢片冲压成一定形状后叠装而成，硅钢片之间保持绝缘状态。

2）线圈

线圈是变压器电路的主体部分，担负输入/输出电能的任务，一般由绝缘铜线绕制而成。通常把变压器与电源相接的一侧称为"一次侧"，相应的线圈称为一次绕组或原边。与负载相连的一侧称为"二次侧"，相应的线圈称为二次绕组或副边。

一次侧与二次侧线圈的匝数并不相同，匝数多的称为高压绕组；匝数少的称为低压绕组。

变压器最重要的组成部分是铁芯和线圈，两者装配在一起构成变压器的器身。器身置于油箱中的被称为油浸式变压器，器身没有放到油箱中的称为干式变压器。

油浸式变压器中的油，既是冷却介质，又是绝缘介质，它通过油液的对流，对铁芯和线圈进行散热。另外它还保护线圈和铁芯不被空气中的潮气侵蚀。这样的结构多用于大中型变压器。

2. 变压器的工作原理

变压器的工作原理仍是电磁原理，如图2-10所示，当变压器一次侧施加交流电压 U_1，流过一次绕组的电流为 I_1，则该电流在铁芯中会产生交变磁通，使一次绕组和二次绕组发生电磁联系。根据电磁感应原理，交变磁通穿过这两个绕组就会感应出电动势，一次绕组产生的感应电动势大小为 I_1N_1，二次绕组中将产生感应电流 I_2，感应电动势为 I_2N_2，其大小与绕组匝数成正比，绕组匝数多的一侧电压高，绕组匝数少的一侧电压低。

当变压器二次侧开路，即变压器空载时，一、二次电压与一、二次绕组匝数成正比，变压器起到变换电压的目的。

当变压器二次侧接入负载后，在电动势 E_2 的作用下，将有二次电流通过，该电流产生的

电动势也将作用在同一铁芯上，起到反向去磁作用，但因主磁通取决于电源电压，而 U_1 基本保持不变，故一次绕组电流必将自动增加一个分量产生磁动势 F_1，以抵消二次绕组电流所产生的磁动势 F_2。在一、二次绕组电流 I_1、I_2 的作用下，作用在铁芯上的总磁动势（不计空载电流 I_0）为 $F_1 + F_2 = 0$，由于 $F_1 = I_1 N_1$，$F_2 = I_2 N_2$，因此 $I_1 N_1 + I_2 N_2 = 0$。由式可知，I_1 和 I_2 同相，所以

$$I_1 / I_2 = N_2 / N_1 = 1/K$$

由上式可知，一、二次电流比与一、二次电压比互为倒数，变压器一、二次绕组功率基本不变（因变压器自身损耗与其传输功率相比相对较小），二次绕组电流 I_2 的大小取决于负载的需要，所以一次绕组电流 I_1 的大小也取决于负载的需要，变压器起到功率传递的作用。

结论 1：一、二次绕组的电压比等于其匝数比。只要改变一、二次绕组的匝数比，就能进行电压的变换。匝数多的绕组电压高。

结论 2：一、二次绕组的电流比等于其匝数比的倒数。匝数多的绕组电流小。

结论 3：变压器一次绕组的输入功率等于二次绕组的输出功率。

结论 4：流过变压器的电流大小，取决于负载的需要。

2.4.2　变压器的性能指标与选用

1. 变压器的主要性能指标

1）额定电压 U_{1N}、U_{2N}

额定电压 U_{1N} 是指根据变压器的绝缘强度和允许温升而规定的一次绕组上所加电压的有效值。额定电压 U_{2N} 是指一次绕组加额定电压 U_{1N} 时，二次绕组两端的电压有效值。

2）额定电流 I_{1N}、I_{2N}

根据变压器的允许温升而规定的变压器连续工作的一次、二次绕组最大允许工作电流。

3）额定容量 S_N

二次绕组的额定电压与额定电流的乘积称为变压器的额定容量，也就是视在功率，常以千伏安（kV·A）作为其单位。

4）额定频率 f_N

变压器一次侧所允许接入的电源频率。我国规定的额定频率是 50Hz。

5）温升

温升是变压器在额定状态下运行时，变压器内部温度允许超过周围环境温度的数值。

2. 变压器的选用

（1）变压器的额定电压主要根据输电线路电压等级和用电设备的额定电压来确定。

（2）变压器容量的选择是一个非常重要的问题。容量选小了，会造成变压器经常过载运行，缩短变压器的寿命，甚至影响工厂的正常供电。如果选得过大，变压器得不到充分的利用，效率与功率因数都过低。因此，变压器容量应该大于总的负载功率，计算公式为 $P_{fz} = U_{2N} I_{2N} \cos\Phi$，通常 $\cos\Phi$ 大约为 0.8，因此变压器容量大约应为供电设备总功率的 1.3 倍。

2.5 航空插头

2.5.1 航空插头的定义

航空插头是电子工程技术人员经常接触的一种部件。它的作用非常单纯：在电路内被阻断处或孤立不通的电路之间架起沟通的桥梁，从而使电路接通，实现预定的功能。航空插头是电气设备中不可缺少的部件，顺着电流流通的通路观察，总会发现有一个或多个航空插头。航空插头的形式和结构是千变万化的，随着应用对象、频率、功率、应用环境等不同，有各种不同形式的航空插头。例如，球场上点灯用的航空插头和硬盘驱动器的航空插头，以

图 2-11　航空插头的外观

及点燃火箭的航空插头是大不相同的。但是无论什么样的航空插头，都要保证电流顺畅、连续、可靠地流通。外观见图 2-11。

想一下如果没有航空插头会怎样？

这时电路之间要用连续的导体永久性地连接在一起，如电子装置要连接在电源上，必须把连接导线两端，与电子装置及电源通过某种方法（如焊接）固定接牢。这样一来，无论对于生产还是使用，都带来了诸多不便。以汽车电池为例，假定电池电缆被固定焊牢在电池上，汽车生产厂为安装电池就增加了工作量、生产时间和成本。电池损坏需要更换时，还要将汽车送到维修站，脱焊拆除旧的，再焊上新的，为此要付较多的人工费用。有了航空插头就可以免除许多麻烦，从商店买个新电池，断开航空插头，拆除旧电池，装上新电池，重新接通航空插头就可以了。这个简单的例子说明了航空插头的好处。它使设计和生产过程更方便、更灵活，降低了生产和维护成本。

使用航空插头有哪些好处？

1）改善生产过程

航空插头简化了电子产品的装配过程，也简化了批量生产过程。

2）易于维修

如果某电子元件失效，装有航空插头时可以快速更换失效的元件。

3）便于升级

随着技术的进步，装有航空插头时可以更新元件，用新的、更完善的元件代替旧的。

4）提高设计的灵活性

使用航空插头使工程师在设计和集成新产品时，以及用元件组成系统时，有更大的灵活性。

2.5.2 航空插头的性能指标

1. 机械性能

就连接功能而言，插拔力是重要的机械性能。插拔力分为插入力和拔出力（拔出力也称

分离力），两者的要求是不同的。在有关标准中有最大插入力和最小拔出力规定，这表明，从使用角度来看，插入力要小（从而有低插入力 LIF 和无插入力 ZIF 的结构），而拔出力若太小，则会影响接触的可靠性。

另一个重要的机械性能是连接器的机械寿命。机械寿命实际上是一种耐久性的机械操作。它以一次插入和一次拔出为一个循环，以在规定的插拔循环后连接器能否正常完成其连接功能（如接触电阻值）作为评判依据。连接器的插拔力和机械寿命与接触件结构（正压力大小）、接触部位镀层质量（滑动摩擦系数），以及接触件排列尺寸精度（对准度）有关。

2. 电气性能

主要电气性能包括接触电阻、绝缘电阻和抗电强度。

1）接触电阻

高质量的航空插头应当具有低而稳定的接触电阻。航空插头的接触电阻从几毫欧到数十毫欧不等。

2）绝缘电阻

它是衡量航空插头接触件之间和接触件与外壳之间绝缘性能的指标，其数量级为数百兆欧至数千兆欧不等。

3）抗电强度

或称耐电压、介质耐压，是表征航空插头接触件之间或接触件与外壳之间耐受额定试验电压的能力。

3. 环境性能

常见的环境性能包括耐温、耐湿、耐盐雾、振动和冲击等。

1）耐温

目前航空插头的最高工作温度为 200℃（少数高温特种航空插头除外），最低温度为 −65℃。由于航空插头工作时，电流在接触点处产生热量，导致温升，因此一般认为工作温度应等于环境温度与接触点温升之和。在某些规范中，明确规定了航空插头在额定电流下容许的最大温度。

2）耐湿

湿气的侵入会影响连接的绝缘性能，并锈蚀金属零件。

3）耐盐雾

航空插头在含有湿气和盐分的环境中工作时，其金属结构件、接触件表面处理层有可能产生电化腐蚀，影响其物理和电气性能。为了评价航空插头承受这种环境的能力，设计了盐雾试验。它将航空插头悬挂在温度受控的试验箱内，用规定浓度的氯化钠溶液压缩喷出，形成盐雾空气，其暴露时间由产品规范规定，至少为 48h。

4）振动和冲击

耐振动和冲击是航空插头的重要性能，在特殊的应用环境，如航空和航天、铁路和公路运输中尤为重要，它是检验航空插头机械结构的坚固性和电接触可靠性的重要指标。在有关的试验方法中都有明确的规定。冲击试验中应规定峰值加速度、持续时间和冲击脉冲波形，及电气连续性中断的时间。

5）其他环境性能

根据使用要求，航空插头的其他环境性能还有密封性（空气泄漏、液体压力）、耐液体浸渍能力（对特定液体的耐浸渍能力）。

4. 屏蔽性

在现代电气电子设备中，元件的密度及它们之间的相关功能日益增加，对电磁干扰提出了严格的限制。所以，航空插头往往用金属壳体封闭起来，以阻止内部电磁能辐射或受到外界电磁场的干扰。

2.5.3 航空插头的选择

1. 电气参数要求

航空插头是连接电气线路的机电元件，因此航空插头自身的电气参数是选择时首先要考虑的问题。

2. 安装方式和外形

航空插头接线端子的外形千变万化，用户主要从直形、弯形、电线或电缆的外径，以及外壳的固定要求、体积、重量、是否需连接金属软管等方面加以选择，对在面板上使用的航空插头还要从美观、造型、颜色等方面加以选择。

2.6 伺服驱动器的功能与接口分类

2.6.1 伺服驱动器的功能

伺服驱动器（Servo Drives）又称为"伺服控制器"、"伺服放大器"，是用来控制伺服电动机的一种控制器。通过伺服驱动器，可把上位机的指令信号转变为驱动伺服电动机运行的能量。伺服驱动通常以电动机转角、转速和转矩作为控制目标，进而控制运动机械跟随控制指令运行，可实现高精度的机械传动与定位。

HSV-160U 伺服驱动器是武汉华中数控股份有限公司推出的新一代全数字交流伺服驱动产品，主要应用于对精度和响应比较敏感的高性能控制领域。HSV-160U 具有高速工业以太网总线接口，采用具有自主知识产权的 NCUC 总线协议，实现和数控装置高速的数据交换；具有高分辨率绝对式编码器接口，可以适配复合增量式、正余弦、全数字绝对式等多种信号类型的编码器，位置反馈分辨率最高达 23 位。HSV-160U 的交流伺服驱动单元共有 20A、30A、50A、75A 四种规格，功率回路的最大功率输出达 5.5kW。

2.6.2 伺服驱动器的接口分类

HSV-160U 伺服驱动器的接口分为交流电源输入/输出接口、NCUC 总线连接接口和编码器反馈接口三类。接口示意图见图 2-12。

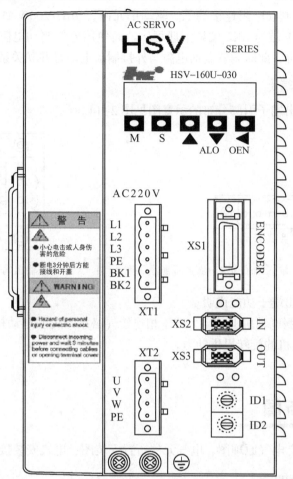

图 2-12　HSV-160U 伺服驱动器的交流电源输入/输出接口示意图

　　交流电源输入接口的作用是把外部的三相动力电源送入伺服驱动器内部。该三相动力电源在伺服驱动器内部经过整流与逆变，再通过交流电源输出接口输出到伺服电动机的绕组上，为伺服电动机的运行提供能量。

　　NCUC 总线连接接口用于连接多个智能化器件，构成 NCUC 总线网络，完成指令信号与反馈信号的传输工作。

　　编码器反馈接口用于接收光电式编码器的反馈信号，该反馈信号反映的是电动机的旋转角度、速度与方向信息。反馈信息通过伺服驱动器反馈接口传递给伺服驱动器，再通过伺服驱动器上的总线接口传递给 IPC 单元，由 IPC 单元进行运算与处理。

　　1. XT1 外部电源输入端子

　　（1）XT1 外部电源输入端子引脚分布的示意图见图 2-13。

　　（2）XT1 外部电源输入端子功能说明。

　　L_1、L_2、L_3：该端子为主电路三相电源输入端子，供电标准为三相 AC 220V，50Hz。该三相电源经过整流后，再逆变为伺服电动机旋转所需的动力电源。

　　PE：保护接地端子，与电源地线相连接，保护接地电阻应小于 4Ω。

BK1、BK2：外接制动电阻连接端子。驱动单元内置 70Ω/200W 的制动电阻。若仅使用内置制动电阻，则 BK1 端与 BK2 端悬空即可。若需使用外接制动电阻，则直接将制动电阻接在 BK1、BK2 端即可，此时内置制动电阻与外接制动电阻是并联关系。

2．XT2 电源输出端子

（1）XT2 电源输出端子引脚分布的示意图见图 2-14。

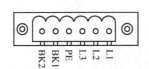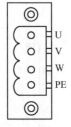

图 2-13　XT1 外部电源输入端子引脚分布的示意图　图 2-14　XT2 电源输出端子引脚分布的示意图

（2）XT2 电源输出端子功能说明。

U、V、W：与伺服电动机上的动力端子相连接（必须与伺服电动机上 U、V、W 端子对应连接），为伺服电动机的旋转提供动力。

PE：接地端子。

2.7　电气系统图

电气系统图主要有电气原理图、电气元件布置安装图、电气安装接线图。

2.7.1　电气原理图

电气原理图是电气系统图的一种，用来表明电气设备的工作原理及各电气元件的作用、关系的一种表示方式，是根据控制电路的工作原理绘制的，具有结构简单、层次分明的特点。一般由主电路、控制电路、检测与保护电路、配电电路等几大部分组成。由于电气原理图直接体现了电气元件与电气结构及其相互间的逻辑关系，所以一般用在设计、分析电路中。分析电路时，通过识别图纸上所画的各种电路元件符号，以及它们之间的连接方式，就可以了解电路实际工作时的情况。掌握识读电气原理图的方法和技巧，对于分析电气线路，排除设备电路故障是十分有益的。

2.7.2　电气元件布置安装图

主要用来表明各种电气设备在机械设备上和电气控制柜中的实际安装位置。为机电设备的制造、安装、维护、维修提供必要的资料。

电气元件布置安装图的设计应遵循以下原则：

（1）必须遵循相关国家标准设计和绘制电气元件布置安装图。

（2）布置相同类型的电气元件时，应把体积较大和较重的安装在电气控制柜或面板的下方。

（3）发热的元件应该安装在电气控制柜或面板的上方或后方，但热继电器一般安装在接触器的下面，以方便与电动机、接触器的连接。

（4）需要经常维护、整定和检修的电气元件、操作开关、监视仪器仪表，其安装位置应高低适宜，以便工作人员操作。

（5）强电、弱电应该分开走线，注意屏蔽层的连接，防止干扰的窜入。

（6）电气元件的布置应考虑安装间隙，并尽可能做到整齐、美观。

2.7.3　电气安装接线图

电气安装接线图为进行装置、设备或成套装置的布线提供各个项目之间电气连接的详细信息，包括连接关系、线缆种类和敷设线路。

一般情况下，电气安装接线图和电气原理图需配合使用。

绘制电气安装接线图应遵循的主要原则如下：

（1）必须遵循相关国家标准绘制电气安装接线图。

（2）各电气元件的位置、文字符号必须和电气原理图中的标注一致，同一个电气元件的各部件（如同一个接触器的触点、线圈等）必须画在一起，各电气元件的位置应与实际安装位置一致。

（3）不在同一安装板或电气柜上的电气元件或信号的电气连接一般应通过端子排连接，并按照电气原理图中的接线编号连接。

（4）走向相同、功能相同的多根导线可用单线或线束表示。画连接线时，应标明导线的规格、型号、颜色、根数和穿线管的尺寸。

2.8　电气原理图的识读方法

看电气原理图的一般方法是先看主电路，明确主电路控制目标与控制要求，再看辅助电路，并通过辅助电路的回路研究主电路的运行状态。

主电路一般是电路中的动力设备，它将电能转变为机械运动的机械能，典型的主电路就是从电源开始到电动机结束的那一条电路。辅助电路包括控制电路、保护电路、照明电路。通常来说，除了主电路以外的电路，都可以称为辅助电路。

2.8.1　识读主电路的步骤

第一步：看清主电路中的用电设备。用电设备指消耗电能的用电器或电气设备，看图首先要看清楚有几个用电器，分清它们的类别、用途、接线方式及工作要求等。

第二步：要清楚用电设备是用什么电气元件控制的。控制用电设备的方法很多，有的直接用开关控制，有的用各种启动器控制，有的用接触器控制。

第三步：了解主电路中所用的控制电器及保护电器。前者是指除常规接触器以外的其他控制元件，如电源开关（转换开关及空气断路器）、万能转换开关。后者是指短路保护器件及过载保护器件，如空气断路器中电磁脱扣器及热过载脱扣器的规格、熔断器、热继电器及过流继电器等元件的用途及规格。一般来说，对主电路进行如上内容的分析以后，即可分析辅助电路。

第四步：看电源。要了解电源电压的等级，是380V还是220V，是从母线汇流排供电还是配电屏供电，还是从发电机组接出来的。

2.8.2 识读辅助电路的步骤

辅助电路包含控制电路、信号电路和照明电路。

分析控制电路。根据主电路中各电动机和执行电器的控制要求，逐一找出控制电路中的其他控制环节，将控制电路"化整为零"，按功能不同划分成若干个局部控制电路来进行分析。如果控制电路较复杂，则可先排除照明、显示等与控制关系不密切的电路，以便集中精力进行分析。

第一步：看电源。首先看清电源的种类.是交流还是直流。其次，要看清辅助电路的电源是从什么地方接来的及其电压等级。电源一般是从主电路的两条相线上接来的，其电压为380V。也有从主电路的一条相线和一零线上接来的，电压为单相220V。此外，也可以从专用的隔离电源变压器接来，电压有140V、127V、36V、6.3V等。辅助电路为直流时，直流电源可从整流器、发电机组或放大器上接来，其电压一般为24V、12V、6V、4.5V、3V等。辅助电路中的一切电气元件的线圈额定电压必须与辅助电路电源电压一致。否则，电压低时电路元件不动作；电压高时，则会把电气元件烧坏。

第二步：了解控制电路中所采用的各种继电器、接触器的用途，如采用了一些特殊结构的继电器，还应了解它们的动作原理。

第三步：根据辅助电路来研究主电路的动作情况。

分析了上面这些内容再结合主电路中的要求，就可以分析辅助电路的动作过程。

控制电路总是按动作顺序画在两条水平电源线或两条垂直电源线之间的。因此，可从左到右或从上到下来进行分析。对复杂的辅助电路，在电路中整个辅助电路构成一条大回路，在这条大回路中又分成几条独立的小回路，每条小回路控制一个用电器或一个动作。当某条小回路形成闭合回路有电流流过时，在回路中的电气元件（接触器或继电器）动作，把用电设备接入电源或切除电源。在辅助电路中一般靠按钮或转换开关把电路接通。对于控制电路的分析必须随时结合主电路的动作要求来进行，只有全面了解主电路对控制电路的要求以后，才能真正掌握控制电路的动作原理。不可孤立地看待各部分的动作原理，而应注意各个动作之间是否有互相制约的关系，如电动机正、反转之间应设有联锁等。

第四步：研究电气元件之间的相互关系。电路中的一切电气元件都不是孤立存在的而是相互联系、相互制约的。这种互相控制的关系有时表现在一条回路中，有时表现在几条回路中。

第五步：研究其他电气设备和电气元件，如整流设备、照明灯等。

实训项目1　工业机器人交流供电电路的安装与调试

以华数 HSR – JR608 型六关节工业机器人为例，完成工业机器人电气控制系统交流供电电路的安装与调试。

1. 电气原理图交流供电电路识读

其电气原理图如图2-15所示。

1）工作任务分析

本次工作任务的主要目的是要为伺服驱动器、伺服电动机、电气控制柜冷却风扇、电气控制柜照明灯和维修插座这样的交流用电设备提供适合的电源，并进行必要的电路保护。

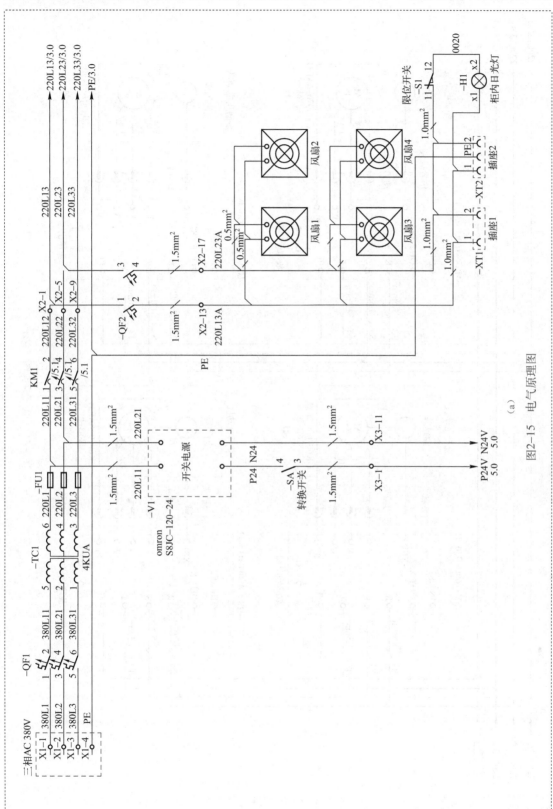

图2-15 电气原理图
（a）

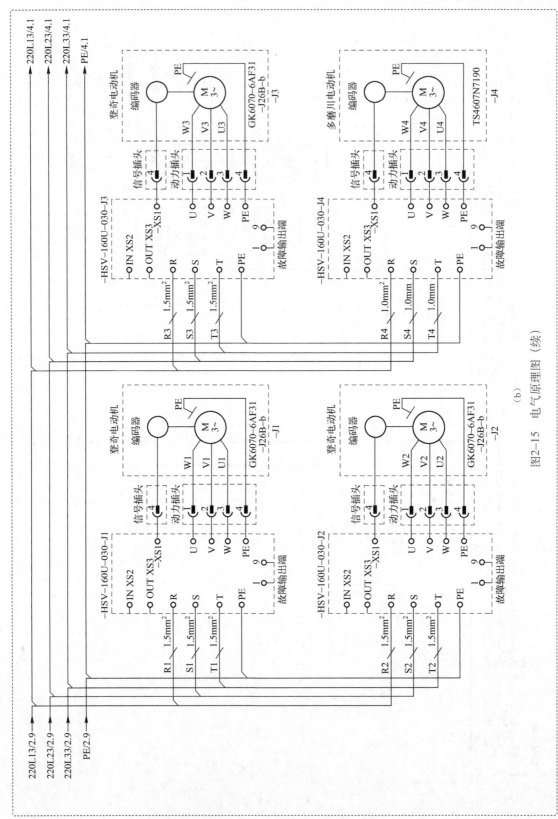

图2-15 电气原理图（续）

（b）

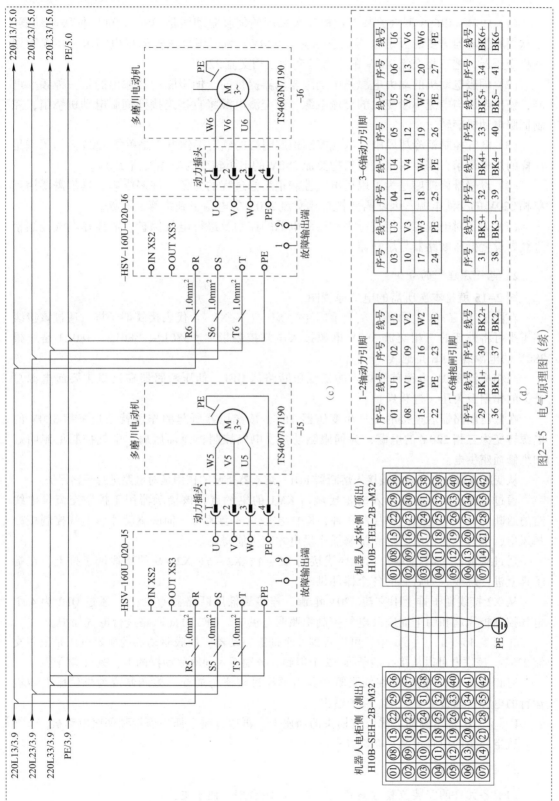

图2-15　电气原理图（续）

（1）HSR－JR608 型六关节工业机器人采用的伺服驱动器是 HSV－160U 伺服驱动器。该款伺服驱动器需要的额定电压是三相交流 220V，为了满足这样的供电需求，需要利用三相变压器，把三相交流 380V 的电源转变为三相交流 220V。

（2）伺服电动机的动力电源是由伺服驱动器提供的。伺服驱动器输出的是一种频率可调，输出电压与电流不断变化的交流电源，该交流电源将直接连接到伺服电动机绕组，控制伺服电动机旋转。

（3）电气控制柜冷却风扇、电气控制柜照明灯的额定工作电压是单相 220V。为了满足这样的供电需求，需要利用变压器把交流 380V 的电源转变为单相交流 220V。

（4）设置维修插座是为了以后电气控制柜维修过程的方便，许多维修工具都需要用到单相 220V 的交流电源，因此需要把单相交流 220V 的电源引到维修插座处。

（5）为了对电气控制柜进行手动通断电源的控制及进行电气保护，需要在电气控制柜进线处设置低压断路器与熔断器。

2）电气原理图的分析

图 2-15 就是本次所需的电气原理图。

在图 2-15（a）中看到，左上角标注的 X1－1 ～ X1－4 代表接线端子排，通过该接线端子排可将外部的三相交流 380V 电源接入电气控制柜内。380L1、380L2、380L3 是三根 380V 的电源线，PE 是地线。

三相交流 380V 电源首先接入的是低压断路器 QF1，低压断路器在这里主要起电源总开关的作用及欠压、过载保护。

在低压断路器后连接的是三相变压器 TC1，该变压器所起的作用就是把三相 380V 的电源转变为三相 220V 的电源，为伺服驱动器、电气控制柜冷却风扇、电气控制柜照明灯和维修插座供电。

从变压器副边出来的导线接入熔断器 FU1。熔断器所起的作用是对电路进行短路保护。

通过熔断器后，电路接入的是接触器 KM1 的主触点，该接触器用于控制交流供电线路的通断。只有满足相应的控制条件，KM1 主触点才会闭合，伺服驱动器、电气控制柜冷却风扇，电气控制柜照明灯和维修插座供电才有可能得电。

通过接触器 KM1 主触点后，导线接到 X2－1、X2－5、X2－9 的接线端子排上，在端子排上进行跳线，为后面的各个器件供电。

从 X2 接线端子排上引交流 220V 电源，连接到低压断路器 QF2 上，通过 QF2 为 4 个电气控制柜风扇和两个插座及电气控制柜照明灯供电。QF2 对此回路进行电气保护。

在图 2-15（b）、（c）中，可以看到 6 个伺服驱动器。伺服驱动器的额定电压是三相交流 220V，该供电可以从接线端子排 X2 上得到，分别通入伺服驱动器的 R、S、T 端子上。

三相交流 220V 的电源在伺服驱动器内部经过整流与逆变，被调制成为供伺服电动机运行的电源，通过 U、V、W 端子输出。

U、V、W 输出到动力线航空插头的插座上，再通过航空插头连接到伺服电动机。

航空插头的引脚定义见图 2-15（d）。

2. 布线工艺要求

（1）各元件的安装位置应整齐、匀称、间距合理、便于更换。

（2）布线通道要尽可能短，动力线与控制线最好分槽布置。

（3）主电路用黑色线，控制电路用红色线，接地线用黄绿双色线。

（4）同一平面的导线应高低一致或前后一致，不能交叉，若非交叉不可，则该导线应在接线端子引出时水平架空跨越，但必须走线合理。

（5）布线应横平竖直，分布均匀，变换走向时应垂直转向。

（6）布线时严禁损伤线芯和导线绝缘。

（7）布线顺序一般以接触器为中心，由里向外，由低至高，先控制电路后主电路，以不妨碍后续布线为原则。

（8）通电试运行前，必须征得老师的同意，并由老师接通三相电源 L1、L2、L3，同时要有老师在现场监护。

3. 根据电气原理图和元件接线图进行电路的连接工作

工作内容包括掐线、制作导线接头、标注线号和电路连接，请按照如下步骤完成电路连接。

（1）把外部电源接入工业机器人电气控制柜（外部电源与低压断路器 QF1 电路的连接）。

（2）低压断路器与变压器 TC1 的连接。

（3）变压器与熔断器 FU1 的连接。

（4）伺服驱动器供电电路的连接。

（5）伺服驱动器输出接口与伺服电动机动力线的连接。

（6）开关电源供电电路的连接。

（7）电气控制柜风扇与维修插座的电路连接。

（8）通过航空插头连接伺服电动机与伺服驱动器。

4. 所接电路的检查

请利用万用表按照如下步骤依次检查电路的连接情况。

（1）打开万用表，接好红、黑表笔，把万用表调整到测量电路通断的挡位。

（2）请根据表格内容依次测量电路的通断，并做好测量记录。如果实际测量结果与理论结果不一致，请查找原因并做好记录。

测量方法与测量位置	测量结果（通/断）（情况记录）	实际测量结果与理论结果是否一致	若结果不一致，分析其原因
1. 闭合低压断路器 QF1 2. 测量接线端子排 X1－1、X1－2、X1－3 端子到变压器 TC1 的 1、2、5 端子是否接通			
变压器 TC1 的 6、4、3 端子到接触器 KM1 主触点的 1、3、5 端子是否接通			
接触器 KM1 主触点的 2、4、6 端子到各个轴的伺服驱动器 R、S、T 端子是否接通			
1. 闭合转换开关 2. 测量变压器 TC1 的 6、4 端子到开关电源的交流输入端是否接通			

考核与评价表1

基本素养（20分）			
序号	评估内容	自评	互评	师评
1	纪律（无迟到、早退、旷课）（10分）			
2	参与度、团队协作能力、沟通交流能力（5分）			
3	安全规范操作（5分）			
理论知识（25分）			
序号	评估内容	自评	互评	师评
1	低压电器相关知识的掌握（15分）			
2	伺服控制相关知识的掌握（5分）			
3	电气原理图绘制方法与识读方法的掌握（5分）			
技能操作（55分）			
序号	评估内容	自评	互评	师评
1	掐线与导线接头的制作（5分）			
2	布线工艺的合理性与外观美观（15分）			
3	识读电气原理图的能力（15分）			
4	电路连接的正确性（20分）			
综合评价			

第3章
工业机器人直流
供电电路

项目内容及要求

教学描述	完成工业机器人电气控制系统直流供电电路的安装与调试
教学目标	1. 利用开关电源，为 IPC 单元、示教器、PLC 单元供电； 2. 利用按钮、行程开关等输入器件对 PLC 单元进行输入控制，完成 PLC 单元输入接口的接线工作； 3. 利用 PLC 输出端子控制继电器、电磁阀等器件，完成 PLC 单元输出接口的接线工作
知识目标	1. 掌握按钮、行程开关等低压电器的作用、结构、接口与工作原理； 2. 掌握继电器、电磁阀等低压电器的作用、结构、接口与工作原理； 3. 掌握 PLC 单元输入/输出接口的定义、接口与接线方法； 4. 掌握开关电源的结构、接口与使用方法
能力目标	1. 能对 PLC、IPC、示教器等器件进行供电； 2. 能对 PLC 单元的输入/输出器件进行供电； 3. 能对 PLC 单元输入/输出接口进行正确的接线

3.1 IPC 单元、PLC 单元与示教器

3.1.1 IPC 单元

IPC 单元是工业机器人的核心控制单元，其主要功能是控制各个轴的协调运动，完成工业机器人运动轨迹控制要求。它的供电电源接口名称是 POWER，额定工作电压为 DC 24V。华数 HSR－JR608 型六关节工业机器人 IPC 单元接口如图 3-1 所示。为 IPC 供电的开关电源输出功率不应小于 50W。

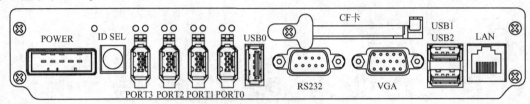

图 3-1　IPC 单元接口示意图

POWER：24V 电源接口；

PORT0 ～ 3：NCUC 总线接口；

USB0：外部 USB1.1 接口；

RS232：内部使用的串口；

VGA：内部使用的视频信号口；

USB1、USB2：内部使用的 USB2.0 接口；

LAN：外部标准以太网接口。

3.1.2 可编程控制器（PLC）单元

可编程控制器是工业机器人的核心控制单元，它主要完成开关量的控制工作，用于接收外部开关量控制命令，通过内部程序运算，再进行对外输出，控制继电器、电磁阀等输出器件。例如，控制工业机器人的启动与停止，控制各个关节轴抱闸的抱紧与释放、手指关节对物体的抓持与松开等。

1. PLC 单元的接口

HSR－JR608 型六关节工业机器人的 PLC 单元采用的是总线式 I/O，它由 PLC 底板、通信子模块、开关量输入/输出子模块和模拟量输入/输出子模块组成。其中，PLC 底板、通信子模块是必选模块，开关量输入/输出子模块和模拟量输入/输出子模块可以根据实际控制需求进行选择配置，但最多可扩展 16 个 I/O 单元。

采用不同的底板子模块可以组建两种 I/O 单元，其中，HIO－1009 型底板子模块可提供 1 个通信模块插槽和 8 个功能子模块插槽，组建的 I/O 单元称为 HIO－1000A 型总线式 I/O 单元；HIO－1006 型底板子模块可提供 1 个通信子模块插槽和 5 个功能子模块插槽，组建的 I/O 单元称为 HIO－1000B 型总线式 I/O 单元。

开关量输入/输出子模块提供 16 路开关量输入或输出信号，开关量输入子模块有 NPN、PNP 两种接口。NPN 型接口叫作低电平有效接口，PNP 型接口叫作高电平有效接口。模拟量输入/输出子模块提供 4 通道 A/D 信号和 4 通道 D/A 信号。具体接口名称、型号与说明见

表3-1，PLC单元结构示意图如图3-2所示。

表3-1 开关量、模拟量输入/输出子模块接口名称、型号与说明

子模块名称		子模块型号	说 明
底板	9槽底板子模块	HIO-1009	提供1个通信子模块插槽和8个功能子模块插槽
	6槽底板子模块	HIO-1006	提供1个通信子模块插槽和5个功能子模块插槽
通信	NCUC协议通信子模块（1394-6火线接口）	HIO-1061	
	NCUC协议通信子模块（SC光纤接口）	HIO-1063	
开关量	NPN型开关量输入子模块	HIO-1011N	每个子模块提供16路NPN型PLC开关量输入信号接口，低电平有效
	PNP型开关量输入子模块	HIO-1011P	每个子模块提供16路PNP型PLC开关量输入信号接口，高电平有效
	NPN型开关量输出子模块	HIO-1021N	选配，每个子模块提供16路NPN型PLC开关量输出信号接口，低电平有效
模拟量	模拟量输入/输出子模块	HIO-1073	选配，每个子模块提供4路模拟量输入和4路模拟量输出

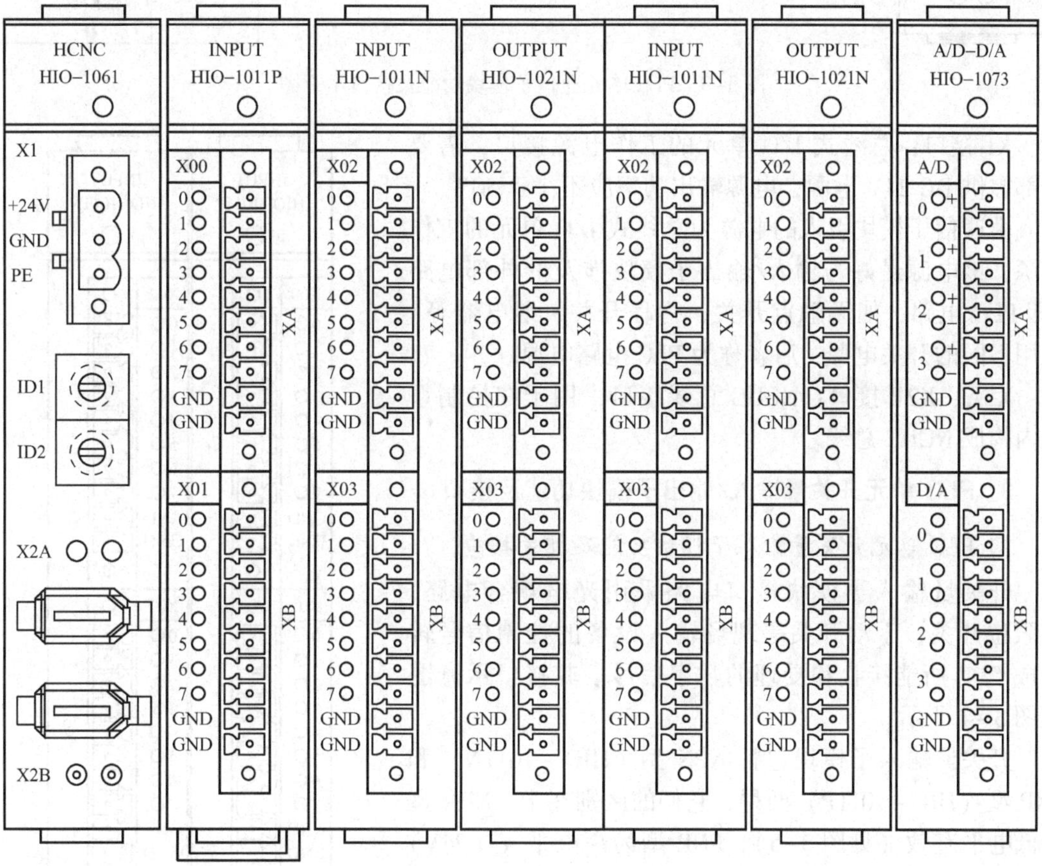

图 3-2 PLC 单元结构示意图

2. PLC 单元通信子模块功能及接口

PLC单元通信子模块（HIO-1061）负责完成通信功能并提供电源输入接口。其功能及接口示意图如图3-3所示。

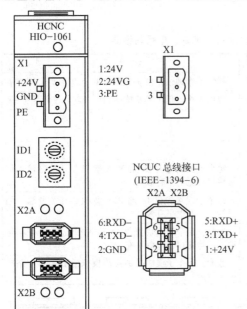

信号名	说　　明
24V	直流24V电源
24VG	直流24V电源地
PE	接地

信号名	说　　明
24V	直流24V电源
GND	直流24V电源地
TXD+	数据发送
TXD-	
RXD+	数据接收
RXD-	

图 3-3　PLC 单元通信子模块功能及接口示意图

X1 接口：总线式 I/O 单元的工作电源接口，需要外部提供 DC 24V 电源，电源输出功率应不小于 50W。

由通信子模块引入的电源为总线式 I/O 单元的工作电源，该电源最好与输入/输出子模块涉及的外部电路（即 PLC 电路，如无触点开关、行程开关、继电器等）采用不同的开关电源，后者称为 PLC 电路电源。

X2A、X2B 接口：NCUC 总线接口，用于在控制系统内构成 NCUC 总线。

3. PLC 单元开关量输入/输出子模块功能及接口

1）PLC 单元开关量输入子模块功能及相关接口

开关量输入子模块接口电路采用光电耦合电路，将限位开关、手动开关等现场输入设备的控制信号转换成 CPU 所能接收和受理的数字信号。其接口示意图如图 3-4 所示。

开关量输入子模块包括 NPN 型（HIO-1011N）和 PNP 型（HIO-1011P）两种，它们的区别在于：NPN 型为低电平有效（见图 3-5），PNP 型为高电平（+24V）有效（见图 3-6）。每个开关量输入子模块提供 16 个点的开关量信号输入，输入点的名称是 $Xm.n$，其中 X 代表输入模块，m 代表字节号，n 代表 m 字节内的位地址。GND 为接地端，用于提供标准电位。

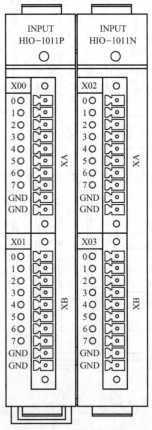

图 3-4　PLC 单元开关量输入
子模块接口示意图

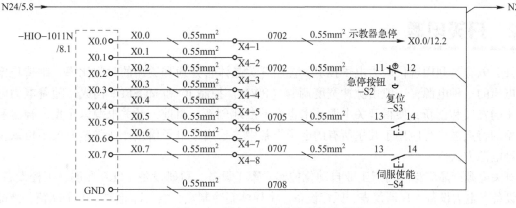

图 3-5　低电平有效电路连接示意图

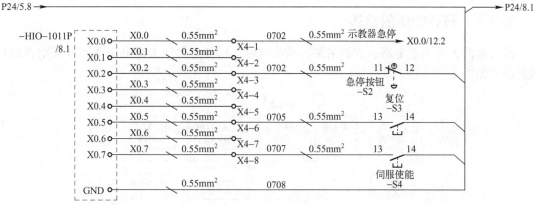

图 3-6　高电平有效电路连接示意图

2）PLC 单元开关量输出子模块功能及相关接口

开关量输出子模块接口（见图 3-7）将 PLC 单元的运算结果对外输出，控制继电器、电磁阀等执行元件。开关量输出子模块（HIO-1021N）为 NPN 型，有效输出为低电平，否则输出为高阻状态。每个开关量输出子模块提供 16 个点的开关量信号输出，输出点的名称是 Ym.n，其中 Y 代表输出模块，m 代表字节号，n 代表 m 字节内的位地址。GND 为接地端，用于提供标准电位。

输入/输出子模块 GND 端子应该与 PLC 电路电源的电源地可靠连接。

3.1.3　示教器

示教器主要用于操作者与工业机器人交换信息，操作者通过示教器发布控制命令，工业机器人的运行情况通过示教器显示。

示教器的电路连接主要包括三部分内容，即示教器供电电源的连接、示教器与 IPC 单元的通信、示教器与 PLC 单元的信号连接。

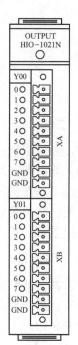

图 3-7　PLC 单元开关量输出子模块接口示意图

3.2 开关电源

开关电源是利用现代电力电子技术，控制开关晶体管开通和关断的时间比率，维持稳定输出电压的一种电源，一般由脉冲宽度调制（PWM）控制 IC 和 MOSFET 构成。随着电力电子技术的发展和创新，使得开关电源技术也在不断地创新。目前，开关电源以小型、轻量和高效率的特点被广泛应用于几乎所有的电子设备中，是当今电子信息产业飞速发展不可缺少的一种电源方式。

开关电源产品广泛应用于工业自动化控制、军工设备、科研设备、LED 照明、工控设备、通信设备、电力设备、仪器仪表、医疗设备、半导体制冷制热、空气净化器、电子冰箱、液晶显示器、LED 灯具、视听产品、安防监控、LED 灯袋、计算机机箱、数码产品等领域。

3.2.1 开关电源的结构

开关电源大致由主电路、控制电路、检测电路、辅助电源四大部分组成。开关电源结构示意图见图 3-8。

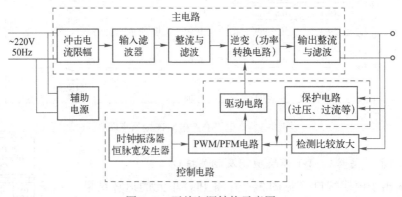

图 3-8　开关电源结构示意图

1. 主电路

冲击电流限幅：限制接通电源瞬间输入侧的冲击电流。

输入滤波器：其作用是过滤电网中存在的杂波及阻碍本机产生的杂波反馈回电网。

整流与滤波：将电网交流电源直接整流为较平滑的直流电。

逆变：将整流后的直流电变为高频交流电，这是高频开关电源的核心部分。

输出整流与滤波：根据负载需要，提供稳定可靠的直流电源。

2. 控制电路

一方面，从输出端取样，与设定值进行比较，然后控制逆变器，改变其脉宽或脉频，使输出稳定；另一方面，根据测试电路提供的数据，经保护电路鉴别，提供给控制电路对电源进行各种保护。

3. 检测电路

提供保护电路中正在运行的各种元件参数和各种仪表数据。

3.2.2　选择开关电源的注意事项

（1）选用合适的输入电压规格。

（2）选择合适的功率。为了使电源的寿命增长，可选用为额定输出功率30%的机种。

（3）考虑负载特性。如果负载是电动机、灯泡或电容性负载，则开机瞬间电流较大，应选用合适的电源以免过载。如果负载是电动机，还应考虑停机时的电压倒灌。

（4）此外，还需考虑电源的工作环境温度，以及有无额外的辅助散热设备，在过高的环境温度下电源需减额输出。

（5）应根据需要选择各项功能。

保护功能：过电压保护（OVP）、过温度保护（OTP）、过负载保护（OLP）等。

应用功能：信号功能（供电正常、供电失效）、遥控功能、遥测功能、并联功能等。

特殊功能：功因校正（PFC）、不断电（UPS）。

（6）选择符合的安全规范及电磁兼容（EMC）认证。

3.2.3　使用开关电源的注意事项

（1）使用电源前，先确定输入/输出电压的规格与所用电源的标称值是否相符。

（2）通电之前，检查输入/输出的引线是否连接正确，以免损坏用户设备。

（3）检查安装是否牢固，安装螺钉与电源板器件有无接触，测量外壳与输入/输出的绝缘电阻，以免触电。

（4）为保证使用的安全性和减少干扰，请确保接地端可靠接地。

（5）多路输出的电源一般分主、辅输出，主输出特性优于辅输出，一般情况下输出电流大的为主输出。

（6）电源频繁开关将会影响其寿命。

（7）工作环境及带载程度也会影响其寿命。

3.3　与 PLC 单元连接的低压电器

3.3.1　电磁继电器

继电器是一种控制器件，通常应用于自动控制电路中，它实际上是用较小的电信号去控制较大电压（电流）的一种"自动开关"，故在电路中起着自动调节、信号放大、安全保护、转换电路等作用。继电器的种类较多，如电磁继电器、舌簧式继电器、启动继电器、限时继电器、直流继电器、交流继电器等。应用于工业机器人电路中的主要是电磁继电器。

1. 电磁继电器的结构

电磁继电器一般由铁芯、线圈、衔铁、触点簧片等组成，典型结构如图 3-9 所示。线圈的作用是把电能量转变成磁场能量。铁芯的作用是减小磁场构成的回路中的磁阻。触点用于接通或断开电路。

继电器"常开、常闭"触点的区分方式为：继电器线圈未通电时处于断开状态的静触点，称为"常开触点"；处于接通状态的静触点称为"常闭触点"。

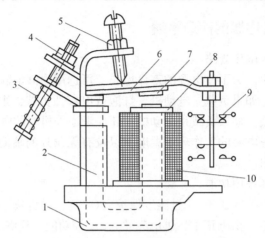

1—底座；2—铁芯；3—释放弹簧；4，5—调节螺母；
6—衔铁；7—非磁性垫片；8—极靴；9—触点系统；10—线圈

图3-9　电磁继电器的典型结构

电磁继电器有直流和交流之分，其结构和工作原理与接触器基本相同，但触点的通断电流值比接触器小，没有灭弧装置。

2. 电磁继电器的工作原理

只要在线圈两端加上一定的电压，线圈中就会流过一定的电流，从而产生电磁效应，衔铁会在电磁力吸引的作用下克服弹簧的拉力而吸向铁芯，带动衔铁的动触点与静触点（常开触点）吸合。当线圈断电后，电磁的吸力也随之消失，衔铁就会在弹簧的反作用力下返回原来的位置，使动触点与原来的静触点（常闭触点）释放。这样的吸合、释放，达到了在电路中导通、切断的目的。

3. 中间继电器

中间继电器是最常用的继电器之一，中间继电器实质上是一种电压继电器，它的结构和接触器基本相同。中间继电器的特点是触点数量较多，在电路中起增加触点数量和中间放大作用。中间继电器体积小，动作灵敏度高，一般不用于直接控制电路的负荷。另外，在控制电路中还有调节各继电器、开关之间的动作时间，防止电路误动作的作用。中间继电器的文字符号、图形符号如图3-10所示。

4. 电磁继电器的特性、主要参数和整定方法

1）电磁继电器的特性

电磁继电器的主要特性是输入－输出特性，又称继电特性，继电特性曲线如图3-11所示。在电磁继电器输入量X由0增至X_0以前，其输出量Y为0。当输入量X增加到X_0时，电磁继电器吸合，输出量为1；若X继续增大，Y保持不变。当X减小到X_1时，继电器释放，输出量由1变为0；若X继续减小，Y值均为0。

图3-11中，X_0称为继电器吸合值，欲使继电器吸合，输入量必须等于或大于X_0；X_1称为继电器释放值，欲使继电器释放，输入量必须等于或小于X_1。

$k=X_1/X_0$，称为继电器的返回系数，它是继电器的重要参数之一。k值是可以调节的，不同场合对k值的要求不同。例如，一般控制继电器要求k值低些，在0.1～0.4之间，这

样继电器吸合后，输入量波动较大时不致引起误动作。保护继电器要求 k 值高些，一般在 $0.85 \sim 0.9$ 之间。k 值是反映吸力特性与反力特性配合紧密程度的一个参数，一般 k 值越大，继电器灵敏度越高；k 值越小，灵敏度越低。

图 3-10　中间继电器的文字符号、图形符号

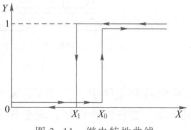

图 3-11　继电特性曲线

2）电磁继电器的主要参数

（1）额定参数。是指电磁继电器的线圈和触点在正常工作时允许的电压或电流值。

（2）动作参数。即电磁继电器的吸合值和释放值。对电压继电器为吸合电压 U_0 与释放电压 U_f；对电流继电器为吸合电流和释放电流。

（3）整定值。根据要求，对电磁继电器的动作参数进行人工调整的值。

（4）返回系数。是指电磁继电器的释放值与吸合值的比值，用 k 表示。不同的应用场合要求电磁继电器的返回系数不同。

（5）动作时间。有吸合时间和释放时间两种。吸合时间是指从线圈接收电信号起，到衔铁完全吸合所需的时间；释放时间是指从线圈断电到衔铁完全释放所需的时间。

3）电磁继电器的整定方法

电磁继电器的动作参数可以根据保护要求在一定范围内调整。

（1）可以调整释放弹簧的松紧程度。弹簧反力越大动作值就越大，反之就越小。

（2）可以改变非磁性垫片的厚度。非磁性垫片越厚，衔铁吸合后磁路的气隙和磁阻就越大，释放值也就越大，反之越小，而吸引值不变。

（3）可以改变初始气隙的大小。当反作用弹簧力和非磁性垫片厚度一定时，初始气隙越大，吸引值越大，反之就越小，而释放值不变。

3.3.2　控制按钮

控制按钮简称按钮，是一种用来接通或分断小电流电路的低压手动电器，结构简单且应用广泛，属于控制电器。在低压控制系统中，手动发出控制信号，可远距离操作各种电磁开关，如继电器、接触器等，转换各种信号电路和电气联锁电路。

1. 工作原理

控制按钮的结构和图形符号如图 3-12 所示，它由按钮帽、动触点、静触点和复位弹簧等构成。按钮中的触点可根据实际需要配成不同的形式。将按钮帽按下时，下面一对原来断开的静触点被桥式动触点接通，以接通某一控制电路；而上面一对原来接通的静触点则被断开，以断开另一控制回路。按钮帽释放后，在复位弹簧的作用下，按钮触点自动复位的先后顺序相反。通常，在无特殊说明的情况下，有触点电器的触点动作顺序均为"先断后合"。

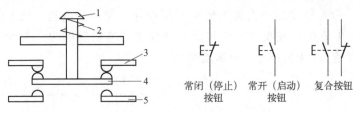

常闭（停止）　　常开（启动）　　复合按钮
按钮　　　　　　　按钮

1—按钮帽；2—复位弹簧；3—常闭静触点；4—动触点；5—常开静触点

图3-12　控制按钮结构示意图及符号

在电气控制电路中，常开按钮常用来启动电动机，也称启动按钮；常闭按钮常用于控制电动机停车，也称停止按钮；复合按钮应用于联锁控制电路中。

2. 种类形式

控制按钮的种类很多，在结构上有嵌压式、紧急式、钥匙式、旋钮式、带灯式等。为了标明各个按钮的作用，避免误操作，通常将按钮帽做成不同的颜色，以示区别。按钮帽的颜色有红、绿、黑、黄、蓝等，一般用红色表示停止按钮，绿色表示启动按钮。

3. 选择原则

控制按钮主要根据使用场合、被控电路所需要的触点数、触点形式及按钮的颜色等因素综合考虑。使用前应检查按钮动作是否灵活，弹性是否正常，触点接触是否良好可靠。由于按钮触点间距较小，因此应注意触点间的漏电或短路情况。

（1）根据使用场合，选择控制按钮的种类，如开启式、防水式、防腐式等。

（2）根据用途，选用合适的形式，如钥匙式、紧急式、带灯式等。

（3）按控制回路的需要，确定不同的按钮数，如单钮、双钮、三钮、多钮等。

（4）根据工作状态指示和工作情况的要求，选择按钮及指示灯的颜色。

4. 控制按钮的型号

通常控制按钮有单式、复式和三联式三种类型，主要产品有LA18、LA19和LA20系列。LA18系列采用积木式结构，其触点数量可根据需要拼装，一般装成两个动合两个动断形式；还可按需要装成一动合一动断至六动合六动断形式。从控制按钮的结构形式来分类，可将其分为开启式、旋钮式、紧急式与钥匙式等。LA20系列有带指示灯和不带指示灯两种。

控制按钮型号规格的含义如图3-13所示。

3.3.3 电磁阀

电磁阀是用电磁控制的工业设备，是用来控制流体的自动化基础元件，属于执行器，并不限于液压、气动。用在工业控制系统中调整介质的方向、流量、速度和其他参数。电磁阀可以配合不同的电路来实现预期的控制，而控制的精度和灵活性都能保证。电磁阀有很多种，不同的电磁阀在控制系统的不同位置发挥作用，最常用的是单向阀、安全阀、方向控制阀、速度调节阀等。

1. 工作原理

电磁阀里有密闭的腔，在不同位置开有通孔，每个孔连接不同的油管，腔中间是活塞，两面是两块电磁铁，哪面的磁铁线圈通电，阀体就会被吸引到哪边，通过控制阀体的移动来

开启或关闭不同的排油孔，而进油孔是常开的，液压油会进入不同的排油管，然后通过油的压力来推动油缸的活塞，活塞又带动活塞杆，活塞杆带动机械装置。这样通过控制电磁铁的电流通断就控制了机械运动。其工作原理示意图如图 3-14 所示。

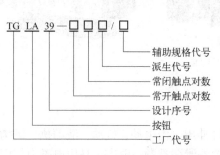

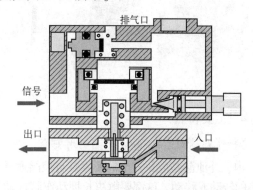

图 3-13 控制按钮型号规格图解 　　　　图 3-14 电磁阀工作原理图

2. 主要分类

（1）电磁阀从原理上分为以下三大类。

① 直动式电磁阀的工作原理：通电时，电磁线圈产生电磁力把关闭件从阀座上提起，阀门打开；断电时，电磁力消失，弹簧把关闭件压在阀座上，阀门关闭。

特点：在真空、负压、零压时能正常工作，但通径一般不超过 25mm。

② 分步直动式电磁阀的工作原理：它是一种直动式和先导式相结合的电磁阀，当入口与出口没有压差时，通电后电磁力直接把先导小阀和主阀关闭件依次向上提起，阀门打开。当入口与出口达到启动压差时，通电后，电磁力打开先导小阀，使主阀下腔压力上升，上腔压力下降，从而利用压差把主阀向上推开；断电时，先导小阀利用弹簧力或介质压力推动关闭件，向下移动，使阀门关闭。

特点：在零压差或真空、高压时也能动作，要求必须水平安装。

③ 先导式电磁阀的工作原理：通电时，电磁力把先导孔打开，上腔室压力迅速下降，在关闭件周围形成上低下高的压差，流体压力推动关闭件向上移动，阀门打开；断电时，弹簧力把先导孔关闭，入口压力通过旁通孔迅速在关阀件周围形成下低上高的压差，流体压力推动关闭件向下移动，关闭阀门。

特点：流体压力范围上限较高，可任意安装（需定制），但必须满足流体压差条件。

（2）电磁阀根据阀的结构和材料的不同与原理上的区别，分为六类：直动膜片结构、分步直动膜片结构、先导膜片结构、直动活塞结构、分步直动活塞结构、先导活塞结构。

（3）电磁阀按照功能分类：水用电磁阀、蒸汽电磁阀、制冷电磁阀、低温电磁阀、燃气电磁阀、消防电磁阀、氨用电磁阀、气体电磁阀、液体电磁阀、微型电磁阀、脉冲电磁阀、液压电磁阀、常开电磁阀、油用电磁阀、直流电磁阀、高压电磁阀、防爆电磁阀等。

3. 常见类型

常见类型包括二位二通通用型阀、热水/蒸汽阀、二位三通阀、二位四通阀、二位五通阀、本安型防爆电磁阀、低功耗电磁阀、手动复位电磁阀、精密微型阀、阀位指示器等。

电磁阀外观如图 3-15 所示。

图 3-15　电磁阀外观

4. 主要特点

1) 外漏堵绝，内漏易控，使用安全

内、外泄漏是危及安全的要素。自控阀通常将阀杆伸出，由电动、气动、液动执行机构控制阀芯的转动或移动。这都要解决长期动作阀杆动密封的外泄漏难题。电磁阀是用电磁力作用于密封在隔磁套管内的铁芯完成，不存在动密封，所以外漏易堵绝。电磁阀的结构形式容易控制内泄漏，直至降为零。所以，电磁阀使用特别安全，尤其适用于腐蚀性、有毒或高低温的介质。

2) 系统简单，便于连接计算机，价格低廉

电磁阀本身结构简单，价格也低，比起调节阀等其他种类的执行器件易于安装维护。更显著的是所组成的自控系统简单得多，价格也低得多。由于电磁阀是由开关信号控制的，因此与工控计算机连接十分方便。

3) 动作快速，功率微小，外形轻巧

电磁阀响应时间可以短至几毫秒，即使是先导式电磁阀也可以控制在几十毫秒内。由于自成回路，比其他自控阀反应更灵敏。设计得当的电磁阀线圈功率消耗很低，属节能产品；还可做到触发动作，自动保持阀位，平时一点也不耗电。电磁阀外形尺寸小，既节省空间，又轻巧美观。

4) 调节精度受限，适用介质受限

电磁阀通常只有开、关两种状态，阀芯只能处于两个极限位置，不能连续调节，所以调节精度受到一定限制。电磁阀对介质洁净度有较高要求，含颗粒状的介质适用，如属杂质应先滤去。另外，黏稠状介质不能适用，而且特定的产品适用的介质黏度范围相对较窄。

5) 型号多样，用途广泛

电磁阀虽有先天不足，但优点仍十分突出，所以可设计成多种多样的产品，满足各种不同的需求，用途极为广泛。电磁阀技术的进步也都是围绕着如何克服先天不足，如何更好地发挥固有优势而展开的。

实训项目2　工业机器人直流供电电路的安装与调试

以华数 HSR-JR608 型六关节工业机器人为例，完成工业机器人电气控制系统直流供电电路的安装与调试。

1. 电气原理图直流供电电路识读

其电气原理图如图 3-16 所示。

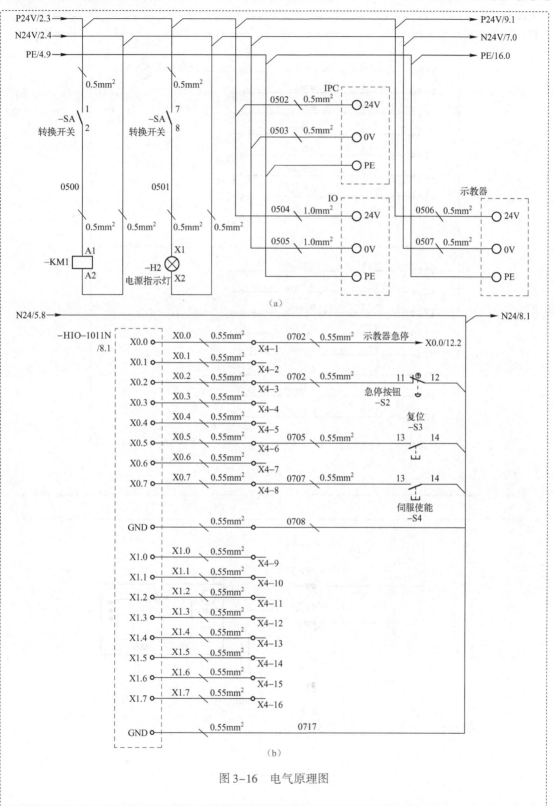

图 3-16　电气原理图

51

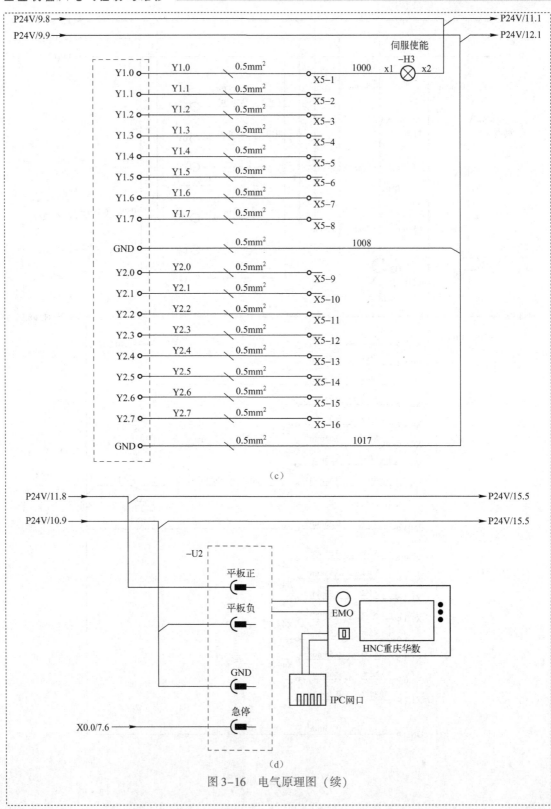

图 3-16　电气原理图（续）

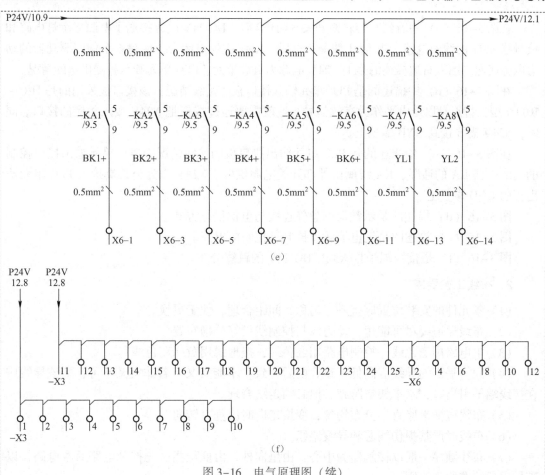

图 3-16 电气原理图（续）

1）工作任务分析

本次工作任务的主要目的就是要为 HSR - JR608 型六关节工业机器人的 IPC 单元、示教器与 PLC 单元供电，并对 PLC 单元输入/输出接口进行连接。

（1）IPC 单元、示教器与 PLC 单元的额定工作电压都是 DC 24V。该电源是由开关电源提供的，开关电源把 AC 220V 的电源转变为 DC 24V。

（2）根据电气原理图对 PLC 单元输入接口进行接线，完成急停、复位和伺服使能的功能。

（3）根据电气原理图对 PLC 单元输出接口进行接线，完成工业机器人 6 个轴抱闸控制。

2）电气原理图分析

在 HSR - JR608 型六关节工业机器人电气控制柜内，所有的 DC 24V 电源都是由开关电源提供的，把 AC 220V 的电源连接到开关电源的 L 端和 N 端，那么在 +V 和 -V 端将得到 DC 24V 的电源。电源线号为 P24V 和 N24V，P24V 为电源的高电位，N24V 为电源的低电位。

在图 3-16（a）中看到，当转换开关 SA 闭合后，DC 24V 电源接通了电源指示灯电路和接触器 KM1 的线圈电路，当 KM1 线圈得电后，KM1 主触点闭合，使得 6 个伺服驱动器的动力电源接通。图纸右边描述的是 DC 24V 电源为 IPC 单元、PLC 单元和示教器供电的情况。

在图 3-16（b）中描述的是 PLC 单元输入接口板的接线情况，该接口板采用的是 HIO-1011N 型，特点是以低电平作为有效信号。这就需要通过按钮把 N24V 接入相应的接口。同时，N24V 需要接到 GND 端子上。

在图 3-16（c）中描述的是 PLC 单元输出接口板的接线情况，PLC 单元输出接口控制的是继电器 KA 的通断，KA 线圈由外部开关电源供电。N24V 作为公共端接入 PLC 单元输出板的 GND 端子上。

图 3-16（d）描述的是示教器的急停连接与电源供电方式。

图 3-16（e）描述的是继电器触点控制轴抱闸的电路。

图 3-16（f）是接线端子排 X3 上 DC 24V 的跳线分布。

2. 布线工艺要求

（1）各元件的安装位置应整齐、匀称、间距合理、便于更换。

（2）布线通道要尽可能短，动力线与控制线最好分槽布置。

（3）主电路用黑色线，控制电路用红色线，接地线用黄绿双色线。

（4）同一平面的导线应高低一致或前后一致，不能交叉。若非交叉不可，则该导线应在接线端子引出时，水平架空跨越，但必须走线合理。

（5）布线应横平竖直，分布均匀，变换走向时应垂直转向。

（6）布线时严禁损伤线芯和导线绝缘。

（7）布线顺序一般以接触器为中心，由里向外，由低至高，先控制电路后主电路，以不妨碍后续布线为原则。

3. 根据电气原理图和元件接线图进行电路的连接工作

工作内容包括掐线，制作导线接头，标注线号和电路连接，请按照如下步骤完成电路连接。

（1）连接开关电源直流输出端子到接线端子排，按照接线图分布好跳线。

（2）从接线端子排取 DC 24V 电源，为 IPC 单元、PLC 单元、示教器供电。

（3）通过按钮等输入器件为 PLC 单元输入端子提供标准信号。

（4）连接 PLC 单元输出端子与继电器电路，利用 DC 24V 电源为继电器供电。

（5）利用继电器触点控制各个轴的电磁抱闸电路。

（6）连接电源指示灯电路与接触器 KM1 的线圈供电电路。

4. 所接电路的检查

请利用万用表按照如下步骤依次检查电路的连接情况。

（1）打开万用表，接好红、黑表笔，把万用表调整到测量电路通断的挡位。

（2）请根据表格内容依次测量电路的通断，并做好测量记录，如果实际测量结果与理论结果不一致，请查找原因并做好记录。

测量方法与测量位置	测量结果（通/断）（情况记录）	实际测量结果与理论结果是否一致	若结果不一致，分析其原因
测量开关电源 DC 24V 端子到 IPC 单元电源接口是否接通，检查电源极性是否正确			
测量开关电源 DC 24V 端子到 PLC 单元电源接口是否接通，检查电源极性是否正确			
测量开关电源 DC 24V 端子到示教器电源接口是否接通，检查电源极性是否正确			
检查示教器急停按钮信号连接是否正确			
检查电气控制柜上的急停按钮连接是否正确			
检查复位按钮连接是否正确			
检查 N24V 与 PLC 单元输入端子上 GND 的连接情况			
检查 N24V 与 PLC 单元输出端子上 GND 的连接情况			
检查 KA1～KA6 这 6 个继电器线圈的电路连接情况			
检查各轴抱闸电路的连接情况			

考核与评价表 2

基本素养（20 分）			
序号	评估内容	自评	互评	师评
1	纪律（无迟到、早退、旷课）（10 分）			
2	参与度、团队协作能力、沟通交流能力（5 分）			
3	安全规范操作（5 分）			
理论知识（25 分）			
序号	评估内容	自评	互评	师评
1	继电器、按钮等低压电器知识的掌握（15 分）			
2	PLC 单元接口相关知识的掌握（5 分）			
3	电气原理图绘制方法与识读方法的掌握（5 分）			
技能操作（55 分）			
序号	评估内容	自评	互评	师评
1	掐线与导线接头的制作（5 分）			
2	布线工艺的合理性与外观美观（15 分）			
3	识读电气原理图的能力（15 分）			
4	电路连接的正确性（20 分）			
综合评价			

第4章 工业机器人指令信号与反馈信号电路

项目内容及要求

教学描述	完成工业机器人电气控制系统 NCUC 总线的连接，完成伺服电动机反馈信号的连接
教学目标	1. 利用 NCUC 总线完成 IPC 单元、PLC 单元和伺服驱动器的通信； 2. 利用光电式编码器检测伺服电动机的转角、转速和转向，并把检测信息通过反馈接口送给伺服驱动器和 IPC 单元
知识目标	1. 掌握总线的概念； 2. 掌握光电式编码器的结构、检测原理； 3. 掌握伺服驱动器反馈接口的结构
能力目标	1. 能够对 NCUC 总线进行正确连接； 2. 能正确连接光电式编码器反馈信号电路

4.1　NCUC 总线

　　现场总线是指安装在制造区域的现场装置与控制室内自动装置之间的数字式、串行、多点通信的数据总线，通过分时复用的方式，将信息以一个或多个源部件传送到一个或多个目的部件的传输线，是通信系统中传输数据的公共通道。

　　总线（Bus）是计算机各种功能部件之间传送信息的公共通信干线，它是由导线组成的传输线束，按照计算机所传输的信息种类，计算机的总线可以划分为数据总线、地址总线和控制总线，分别用来传输数据、数据地址和控制信号。总线是一种内部结构，它是 CPU、内存、输入/输出设备传递信息的公用通道，主机的各个部件通过总线相连接，外部设备通过相应的接口电路再与总线相连接，从而形成了计算机硬件系统。在计算机硬件系统中，各个部件之间传送信息的公共通路叫总线，微型计算机是以总线结构来连接各个功能部件的。

　　2008 年 2 月，成立了由华中数控、大连光洋、沈阳高精、广州数控、浙江中控组成的数控系统现场总线技术联盟（NC Union of China Field Bus），设立了 NCUC–Bus 协议规范的标准工作组，形成了协议的草案，经标准审查会审查之后，最终确立了 NCUC–Bus 现场总线协议规范的总则，以及物理层、数据链路层、应用层规范和服务。

　　基于 NCUC–Bus 的总线式伺服及主轴驱动采用统一的编码器接口，支持 BISS、HIPER-FACE、ENDAT2.1/2.2、多摩川等串行绝对值编码器通信传输协议。板卡上带有光纤接口，可以通过光纤连接至总线上，实现基于 NCUC–Bus 协议的数据交互。采用 PHY＋FPGA 的硬件结构，整个协议的处理都在 FPGA 中实现，并通过主从总线访问控制方式实现各站点的有序通信。NCUC–Bus 采用动态"飞读飞写"的方式实现数据的上传和下载，实现了通信的实时性要求；通过延时测量和计算时间戳的方法，实现了通信的同步性要求；同时，采用重发和双环路的数据冗余机制及 CRC 校验的差错检测机制，保障了通信的可靠性要求。

　　机床数控系统现场总线 NCUC–Bus 是一种数字化、串行网络的数据总线，用于机床数控系统各组成部分互连通信。NCUC 总线具有以下特点：

（1）与以太网兼容。

（2）支持环形和线性网络。

（3）通信速率最高可达 100Mbit/s。

（4）挂接设备最多可达 255 个。

（5）支持 5 类双绞线传输和光纤传输方式。

NCUC 总线连接端子如图 4–1 所示。

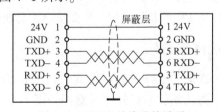

图 4–1　NCUC 总线连接端子

　　为了保证 NCUC–Bus 网络传输接口的可靠性，对采用电信号互联的 NCUC–Bus 连接端子做如下要求。

（1）NCUC – Bus 连接端子由端子插头及端子插座两部分组成，NCUC – Bus 连接端子插座及插头之间的金属触点通过物理插接的接触方式互联。

（2）NCUC – Bus 连接端子在插座应有标志。

（3）NCUC – Bus 连接端子插座及插头需采用符合 IP54 防护等级要求的接插件。

（4）NCUC – Bus 物理连接端子插头及插座之间必须具备额外的连接固定装置，固定装置必须在完全解锁后才允许端子插头与插座之间的金属触点分离。

（5）NCUC – Bus 连接端子插头与插座之间的金属触点必须采用接触面连接方式。

（6）NCUC – Bus 连接端子至少需要同时提供 RXD + 、RXD – 、TXD + 、TXD – 、GND 5 路信号连接。

（7）NCUC – Bus 连接端子中 RXD + 、RXD – 必须定义在相邻的引脚上。

（8）NCUC – Bus 连接端子中 TXD + 、TXD – 必须定义在相邻的引脚上。

4.1.1 NCUC 总线接口的引脚定义

在华数工业机器人控制系统中，各个智能器件之间的通信工作采用的是 NCUC 总线方式，在每个运算单元上都有相应的总线接口。

1. IPC 控制器上的总线接口

如图 4-2 所示为 IPC 控制器上的总线接口。

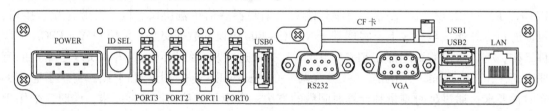

图 4-2　IPC 控制器上的总线接口

PORT0 ～ PORT3：NCUC 总线接口。

LAN 接口用于连接示教器。

2. PLC 通信模块上的 NCUC 总线接口

如图 4-3 所示为 PLC 通信模块上的 NCUC 总线接口。

X2A 与 X2B 为 PLC 通信模块上的总线接口。

3. 伺服驱动器上的 NCUC 总线接口

如图 4-4 所示为伺服驱动器上的 NCUC 总线接口。

XS2/XS3 为伺服驱动器上 NCUC 的总线接口，XS2 接口为总线进口，XS3 接口为总线出口。

4.1.2 NCUC 总线的连接方法

NCUC 总线采用环状拓扑结构、串行的连接方式，以 IPC 单元作为总线上的主站，PLC 单元和伺服驱动器作为总线上的从站，总线连接示意图如图 4-5 所示。连接的过程就是从主站的 PORT0 接口开始依次向下连接各个从站，从站的接口分为进口和出口，按照串联的方式依次连接，最后一个器件的出口连接到主站的 PORT3 接口上，这样就完成了 NCUC 总线的连接。

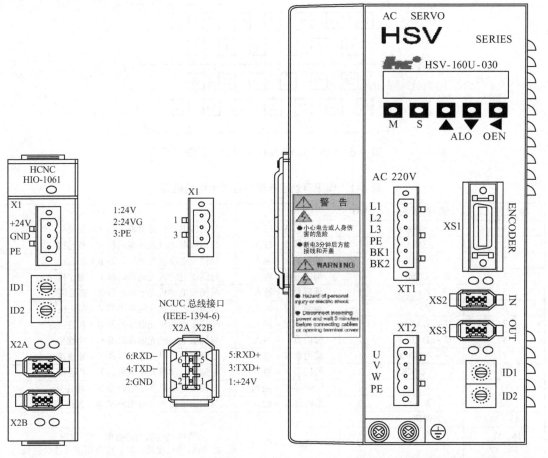

图 4-3　PLC 通信模块上的 NCUC 总线接口　　图 4-4　伺服驱动器上的 NCUC 总线接口

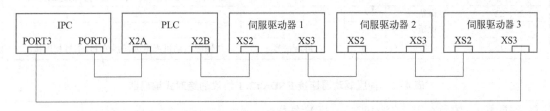

图 4-5　NCUC 总线连接示意图

4.2　伺服驱动器反馈接口

伺服驱动器上的 XS1 为电动机编码器反馈信号输入接口，这一信号既作为电动机的速度与方向的反馈信号，又作为电动机机轴的位置反馈信号。该接口支持多种传输协议，包括 ENDAT2.1 协议的绝对式编码器、BISS 协议的绝对式编码器、TAMAGAWA 绝对式编码器等。伺服驱动器反馈接口的引脚分配图见图 4-6。

XS1 电动机编码器输入接口引脚定义如表 4-1 ～ 表 4-4 所示。

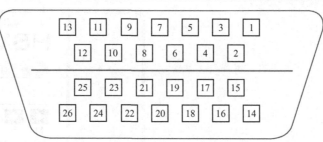

图 4-6　伺服驱动器反馈接口的引脚分配图

表 4-1　伺服驱动器连接复合式光电编码器

端子序号	端子线号	I/O	信号名称	功　能
1	A +/SINA +	I	编码器 A + 输入	与伺服电动机光电编码器 A + 相连接
2	A -/SINA -	I	编码器 A - 输入	与伺服电动机光电编码器 A - 相连接
3	B +/COSB +	I	编码器 B + 输入	与伺服电动机光电编码器 B + 相连接
4	B -/COSB -	I	编码器 B - 输入	与伺服电动机光电编码器 B - 相连接
5	Z +	I	编码器 Z + 输入	与伺服电动机光电编码器 Z + 相连接
6	Z -	I	编码器 Z - 输入	与伺服电动机光电编码器 Z - 相连接
7	U +/DATA +	I	编码器 U + 输入	与伺服电动机光电编码器 U + 相连接
8	U -/DATA -	I	编码器 U - 输入	与伺服电动机光电编码器 U - 相连接
9	V +/CLOCK	I	编码器 V + 输入	与伺服电动机光电编码器 V + 相连接
10	V -/CLOCK -	I	编码器 V - 输入	与伺服电动机光电编码器 V - 相连接
11	W +	I	编码器 W + 输入	与伺服电动机光电编码器 W + 相连接
12	W -	I	编码器 W - 输入	与伺服电动机光电编码器 W - 相连接
13、26	保留			
16、17、18、19	+5V	O	输出 +5V	1. 为所接光电编码器提供 +5V 电源 2. 当电缆长度较长时，应使用多根芯线并联
23、24、25	GND	O	信号地	1. 与伺服电动机光电编码器的 0V 信号相连接 2. 当电缆长度较长时，应使用多根芯线并联
20、22	保留			
21	保留			
14、15	PE	O	屏蔽信号	与伺服电动机光电编码器的 PE 信号相连接

表 4-2　伺服驱动器连接 ENDAT2.1 协议的绝对式编码器

端子序号	端子线号	I/O	信号名称	功　能
1	A +/SINA +	I	编码器 A + 输入	与伺服电动机 ENDAT2.1 协议的绝对式编码器的 SINA + 相连接
2	A -/SINA -	I	编码器 A - 输入	与伺服电动机 ENDAT2.1 协议的绝对式编码器的 SINA - 相连接
3	B +/COSB +	I	编码器 B + 输入	与伺服电动机 ENDAT2.1 协议的绝对式编码器的 COSB + 相连接
4	B -/COSB -	I	编码器 B - 输入	与伺服电动机 ENDAT2.1 协议的绝对式编码器的 COSB - 相连接
5、6	保留			
7	U +/DATA +	I/O	编码器 DATA + 输入	与伺服电动机 ENDAT2.1 协议的绝对式编码器的 DATA + 信号相连接
8	U -/DATA -	I/O	编码器 DATA - 输入	与伺服电动机 ENDAT2.1 协议的绝对式编码器的 DATA - 信号相连接

端子序号	端子线号	I/O	信号名称	功　　能
9	V +/CLOCK	O	编码器 V + 输入	与伺服电动机 ENDAT2.1 协议的绝对式编码器的 CLOCK + 信号相连接
10	V −/CLOCK −	O	编码器 V − 输入	与伺服电动机 ENDAT2.1 协议的绝对式编码器的 CLOCK − 信号相连接
11、12	保留			
13、26	保留			
16、17、18、19	+5V	O	输出 +5V	1. 为所接的 ENDAT2.1 协议的绝对式编码器提供 +5V 电源 2. 当电缆长度较长时，应使用多根芯线并联
23、24、25	GND	O	信号地	1. 与伺服电动机 ENDAT2.1 协议的绝对式编码器的 0V 信号相连接 2. 当电缆长度较长时，应使用多根芯线并联
20、22	保留			
21	保留			
14、15	PE	O	屏蔽信号	与伺服电动机 ENDAT2.1 协议的绝对式编码器的 PE 信号相连接

表 4-3　伺服驱动器连接 TAMAGAWA 绝对式编码器

端子序号	端子线号	I/O	信号名称	功　　能
1、2	保留	I		
3、4	保留	I		
5、6	保留	I		
7	U +/DATA +	I	编码器 DATA +	与伺服电动机 TAMAGAWA 绝对式编码器的 DATA + 信号相连接
8	U −/DATA −	I	编码器 DATA −	与伺服电动机 TAMAGAWA 绝对式编码器的 DATA − 信号相连接
9、10、11、12	保留	O		
13、26	保留			
16、17、18、19	+5V	O		1. 为所接的 TAMAGAWA 绝对式编码器提供 +5V 电源 2. 当电缆长度较长时，使用多根芯线并联
23、24、25	GND		信号地	1. 与伺服电动机 TAMAGAWA 绝对式编码器的 0V 信号相连接 2. 当电缆长度较长时，应使用多根芯线并联
20、21、22	保留			
14、15	PE	O	屏蔽层	与伺服电动机 TAMAGAWA 绝对式编码器的 PE 信号相连接

4.3　工业机器人位置检测元件的要求及分类

工业机器人位置检测元件的要求及分类如下。

位置检测元件是闭环（半闭环、闭环、混合闭环）进给伺服系统中重要的组成部分，它检测伺服电动机转子的角位移和速度，将信号反馈到伺服驱动装置或 IPC 单元，与预先给定的理想值相比较，得到的差值用于实现位置闭环控制和速度闭环控制。位置检测元件通常利用光或磁的原理完成位置或速度的检测。

位置检测元件的精度一般用分辨率表示，它是检测元件所能正确检测的最小数量单位，它由位置检测元件本身的品质及测量电路决定。在工业机器人位置检测接口电路中常对反馈信号进行倍频处理，以进一步提高测量精度。

位置检测元件一般也可以用于速度测量。位置检测和速度检测可以采用各自独立的检测元件，如速度检测采用测速发电机，位置检测采用光电编码器；也可以公用一个检测元件，如都用光电编码器。

1. 对位置检测元件的要求

(1) 寿命长，可靠性高，抗干扰能力强。

(2) 满足精度、速度和测量范围的要求。分辨率通常要求为 0.001 ～ 0.01mm 或更小，快速移动速度达到每分钟数十米，旋转速度达到 2 500r/min 以上。

(3) 使用维护方便，适合机床的工作环境。

(4) 易于实现高速的动态测量和处理，易于实现自动化。

(5) 成本低。

不同类型的工业机器人对位置检测元件的精度与速度的要求不同。一般来说，要求位置检测元件的分辨率比运动精度高一个数量级。

2. 位置检测元件的分类

1) 直接测量和间接测量

测量传感器按形状可分为直线形和回转形。若测量传感器所测量的指标就是所要求的指标，即直线形传感器测量直线位移，回转形传感器测量角位移，则该测量方式为直接测量。典型的直接测量装置有光栅等。若回转形传感器测量的角位移只是中间量，由它再推算出与之对应的工作台直线位移，那么该测量方式为间接测量，其测量精度取决于测量装置和机床传动链的精度。典型的间接测量装置有光电式脉冲编码器、旋转变压器。

2) 增量式测量和绝对式测量

按测量装置编码方式可分为增量式测量和绝对式测量。增量式测量的特点是只测量位移增量，即工作台每移动一个基本长度单位，测量装置便发出一个测量信号，此信号通常是脉冲形式。典型的增量式测量装置为光栅和增量式光电编码器。

绝对式测量的特点是被测的任一点的位置相对于一个固定的零点来说都有一个对应的测量值，常以数据形式表示。典型的绝对式测量装置为接触式编码器和绝对式光电编码器。

3) 接触式测量和非接触式测量

接触式测量的测量传感器与被测对象间存在机械联系，因此机床本身的变形、振动等因素会对测量产生一定的影响。典型的接触式测量装置有光栅、接触式编码器。

非接触式测量传感器与测量对象是分离的，不发生机械联系。典型的非接触式测量装置有双频激光干涉仪、光电编码器。

4）数字式测量和模拟式测量

数字式测量以量化后的数字形式表示被测的量。数字式测量的特点是测量装置简单，信号抗干扰能力强，且便于显示处理。典型的数字式测量装置有光电编码器、接触式编码器、光栅等。

模拟式测量是被测的量用连续的变量表示，如用电压、相位的变化来表示。典型的模拟式测量装置有旋转变压器等。

4.4　光电式编码器的结构与作用

4.4.1　增量式光电编码器

光电编码器利用光电原理把机械角位移变换成电脉冲信号，它是最常用的位置检测元件。光电编码器按输出信号与对应位置的关系，通常分为增量式光电编码器、绝对式光电编码器和混合式光电编码器。

如图 4-7 所示，增量式光电编码器由连接轴 1、支撑轴承 2、光栅 3、光电码盘 4、光源 5、聚光镜 6、光栏板 7、光敏元件 8 和信号处理电路组成。当光电码盘随工作轴一起转动时，光源通过聚光镜，透过光电码盘和光栏板形成忽明忽暗的光信号，光敏元件把光信号转换成电信号，然后通过信号处理电路的整形、放大、分频、计数、译码后输出或显示。为了测量转向，光栏板的两个狭缝距离应为 $m \pm 1/4r$（r 为光电码盘两个狭缝之间的距离，即节距；m 为任意整数）。这样两个光敏元件的输出信号（分别称为 A 信号和 B 信号）相对于脉冲周期来说相差 $\pi/2$ 相位，将输出信号送入鉴相电路，即可判断光电码盘的旋转方向。

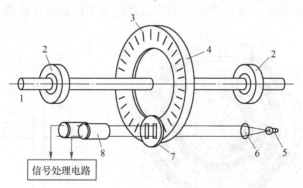

1—连接轴；2—支撑轴承；3—光栅；4—光电码盘；
5—光源；6—聚光镜；7—光栏板；8—光敏元件
图 4-7　增量式光电编码器

由于光电编码器每转过一个分辨角就发出一个脉冲信号，因此根据脉冲数可得出工作轴的回转角度，然后由传动比换算出直线位移距离；根据脉冲频率可得到工作轴的转速；根据光栏板上两个狭缝中信号的相位先后，可判断工作轴的正、反转。

此外，在光电编码器的内圈还增加一条透光条纹 Z，每一转产生一个零位脉冲信号。在进给电动机所用的光电编码器上，零位脉冲用于精确确定参考点。

增量式光电编码器输出信号的种类有差动输出、电平输出、集电极（OC 门）输出等。差动信号传输因抗干扰能力强而得到广泛应用。

IPC 装置的接口电路通常会对接收到的增量式光电编码器差动信号做四倍频处理，从而提高检测精度，方法是从 A 和 B 的上升沿和下降沿各取一个脉冲，则每转所检测的脉冲数为原来的 4 倍。

进给电动机常用增量式光电编码器的分辨率有 2 000p/r、2 024p/r、2 500p/r 等。目前，光电编码器每转可发出数万至数百万个方波信号，因此可满足高精度位置检测的需要。

光电编码器的安装有两种形式：一种是安装在伺服电动机的非输出轴端，称为内装式编码器，用于半闭环控制；另一种是安装在传动链末端，称为外置式编码器，用于闭环控制。光电编码器安装时要保证连接部位可靠、不松动，否则会影响位置检测精度，引起进给运动不稳定，使自动化设备产生振动。

4.4.2 绝对式光电编码器

绝对式光电编码器的编码盘上有透光和不透光的编码图案，编码方式有二进制编码、二进制循环编码、二至十进制编码等。绝对式光电编码器通过读取编码盘上的编码图案来确定位置。

图 4-8 是绝对式光电编码器的编码盘原理示意图和结构图。如图 4-8 所示，编码盘上有 4 圈码道。所谓码道就是编码盘上的同心圆。按照二进制分布规律，把每圈码道加工成透明和不透明相间的形式。编码盘的一侧安装光源，另一侧安装一排径向排列的光电管，每个光电管对准一条码道。当光源照射编码盘时，如果是透明区，则光线被光电管接收，并转变成电信号，输出信号为"1"；如果是不透明区，光电管接收不到光线，输出信号为"0"。被测工作轴带动编码盘旋转时，光电管输出的信息就代表了轴的对应位置，即绝对位置。

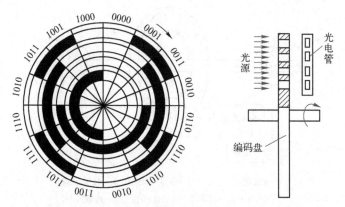

图 4-8　绝对式光电编码器的编码盘原理示意图和结构图

绝对式光电编码器大多采用格雷码进行编码。格雷码的特点是每一相邻数码之间仅改变一位二进制数，这样即使制作和安装不十分准确，产生的误差最多也只是最低位的一位数。

绝对式光电编码器转过的圈数由 RAM 保存，断电后由后备电池供电，保证机床的位置即使断电或断电后又移动也能够正确地记录下来。因此，采用绝对式光电编码器进给电动机的自动化设备只要出厂时建立过设备坐标系，则以后不需要做回参考点操作，就可保证设备

坐标系一直有效。绝对式光电编码器与进给驱动装置或 IPC 通常采用通信的方式来反馈位置信息。

编码器接线的注意事项如下。

（1）编码器连接线线径：采用屏蔽电缆（最好选用绞合屏蔽电缆），导线截面积 ≥ $0.12mm^2$（AWG24－26），屏蔽层应接接线插头的金属外壳。

（2）编码器连接线线长：电缆长度尽可能短，且其屏蔽层应和编码器供电电源的 GND 信号相连（避免编码器反馈信号受到干扰）。

（3）布线：远离动力线路布线，防止干扰串入。

（4）驱动单元接不同的编码器时，与之相匹配的编码器线缆是不同的，请确认无误后再进行连接，否则有烧坏编码器的危险。

4.5　反馈线航空插头引脚的分布与定义

反馈线航空插头引脚的分布图如图 4-9 所示，其定义如表 4-4 所示。

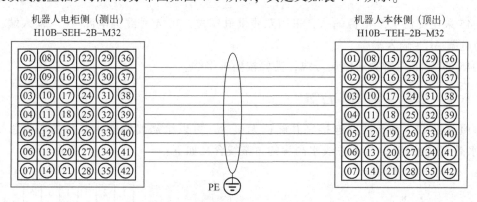

图 4-9　反馈线航空插头引脚的分布图

表 4-4　反馈线航空插头引脚定义表

序号	线号	序号	线号	序号	线号	序号	线号	序号	线号	序号	线号
01	1#SD＋粉	02	2#SD＋粉	03	3#SD＋粉	04	4#SD＋粉	05	5#SD＋粉	06	6#SD＋粉
08	1#SD＋红	09	2#SD＋红	10	3#SD＋红	11	4#SD＋红	12	5#SD＋红	13	6#SD＋红
15	1#5V 棕	16	2#5V 棕	17	3#5V 棕	18	4#5V 棕	19	5#5V 棕	20	6#5V 棕
22	1#GND 黑	23	2#GND 黑	24	3#GND 黑	25	4#GND 黑	26	5#GND 黑	27	6#GND 黑

4.6　示教器与 IPC 电路连接

示教器的信息传输采用的是 RJ45 接口，通过 RJ45 接口连接到 IPC 的 LAN 端口。

4.6.1　RJ45 接口

Registered Jack 45 接口，简称 RJ45，共有 8 芯，通常用于计算机网络数据传输。接口的线有直通线（12345678 对应 12345678）、交叉线（12345678 对应 36145278）两种。RJ45 根据线的排序不同有两种，一种是橙白、橙、绿白、蓝、蓝白、绿、棕白、棕；另一种是绿白、绿、橙白、蓝、蓝白、橙、棕白、棕。因此，使用 RJ45 接口的线也有两种，即直通线、交叉线。

RJ45 插座和 8P8C 水晶头如图 4-10 所示，引脚分别被标志为 1 号～ 8 号。引脚的定义见表 4-5。

表 4-5　RJ45 插座引脚定义

引　脚　号	名　　称	作　　用
1	NC	预留
2	NC	预留
3	AC －	系统电源 AC －输入端
4	AC －	系统电源 AC －输入端
5	AC ＋	系统电源 AC ＋输入端
6	AC ＋	系统电源 AC ＋输入端
7	L	通信口 L
8	H	通信口 H

RJ45 采用交流 12V 电源输入，采用双线供电模式，3、4 号线为电源 AC －输入端，5、6 号线为电源 AC ＋输入端。

RJ45 的 7、8 引脚为通信信号线，需要按要求接线。

4.6.2　水晶头的制作方法

参照图 4-11，所有线路连接完并确认无误后，可以给需要制作水晶头的通信总线制作 8P8C 水晶头（RJ45）。接入总线水晶头的每条线含义如下：

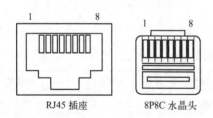

图 4-10　RJ45 插座和 8P8C 水晶头

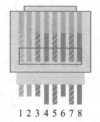

图 4-11　水晶头接线示意图

1（橙白）：备用。

2（橙）：备用。

3（绿白）：代表电源负极或电源 AC －。

4（蓝）：代表电源负极或电源 AC －。

5（蓝白）：代表电源正极或电源 AC ＋。

6（绿）：代表电源正极或电源 AC ＋。

7（棕白）：代表信号 L。

8（棕）：代表信号 H。

当所有的总线水晶头制作完成以后，不管是使用总线分接器还是自己手工分接，都必须

保证所有总线水晶头的 3、4 号线都和系统电源的 OUT（－）端子或 AC－端子接通，5、6 号线都和系统电源的 OUT（＋）端子或 AC＋端子接通，7 号线都和系统电源的"L"端子接通，8 号线都和系统电源的"H"端子接通。

4.6.3　网线通断检测

网线的常规接法（两头 568B）：橙白 1、橙 2、绿白 3、蓝 4、蓝白 5、绿 6、棕白 7、棕 8（橙绿蓝棕，白线在左，绿蓝换）。

交叉接法（一头 568A）：绿白 3、绿 6、橙白 1、蓝 4、蓝白 5、橙 2、棕白 7、棕 8（绿橙蓝棕，白线在左，橙蓝换）。

在制作完成水晶头后，要使用网线测线仪对制作的网线通断进行检测。

1. 使用方法

将网线两端的水晶头分别插入主测试仪和远程测试端的 RJ45 端口，将开关拨到"ON"（S 为慢速挡），这时主测试仪和远程测试端的指示灯应该逐个闪亮。

（1）直通连线的测试：测试直通连线时，主测试仪的指示灯应该从 1 到 8 逐个顺序闪亮，而远程测试端的指示灯也应该从 1 到 8 逐个顺序闪亮。如果是这种现象，则说明直通线的连通没问题，否则得重做。

（2）交错连线的测试：测试交错连线时，主测试仪的指示灯也应该从 1 到 8 逐个顺序闪亮，而远程测试端的指示灯应该按 3、6、1、4、5、2、7、8 的顺序逐个闪亮。如果是这样，说明交错连线的连通没问题，否则得重做。

（3）当网线两端的线序不正确时，主测试仪的指示灯仍然从 1 到 8 逐个闪亮，只是远程测试端的指示灯将按与主测试端连通线号的顺序逐个闪亮。也就是说，远程测试端不能按着（1）和（2）的顺序闪亮。

2. 导线断路测试现象

（1）当有 1～6 根导线断路时，主测试仪和远程测试端的对应线号的指示灯都不亮，其他灯仍然可以逐个闪亮。

（2）当有 7 根或 8 根导线断路时，主测试仪和远程测试端的指示灯全都不亮。

3. 导线短路测试现象

（1）当有两根导线短路时，主测试仪的指示灯仍然从 1 到 8 逐个顺序闪亮，而远程测试端两根短路线所对应的指示灯将被同时点亮，其他指示灯仍按正常的顺序逐个闪亮。

（2）当有 3 根或 3 根以上的导线短路时，主测试仪的指示灯仍然从 1 到 8 逐个顺序闪亮，而远程测试端的所有短路线对应的指示灯都不亮。

实训项目 3　连接 IPC 单元、PLC 单元和伺服驱动器单元

1. 识读电气原理图

其电气原理图如图 4-12 所示。

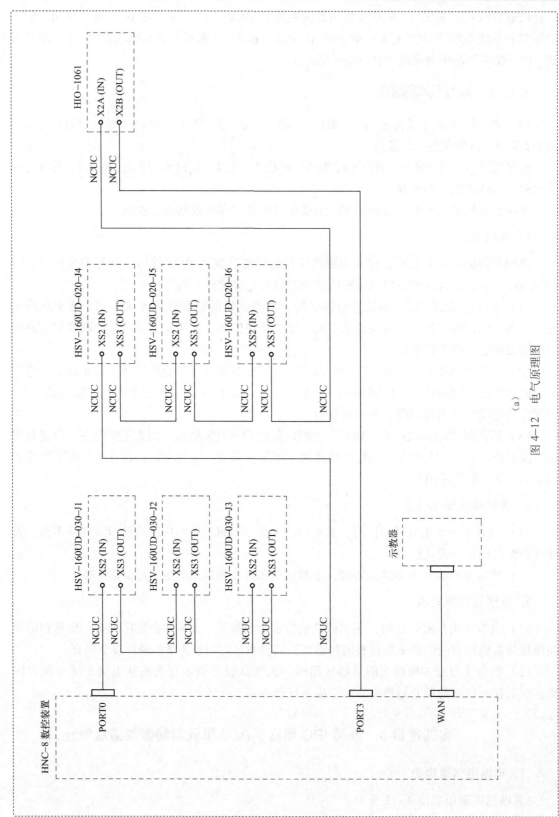

图 4-12　电气原理图

（a）

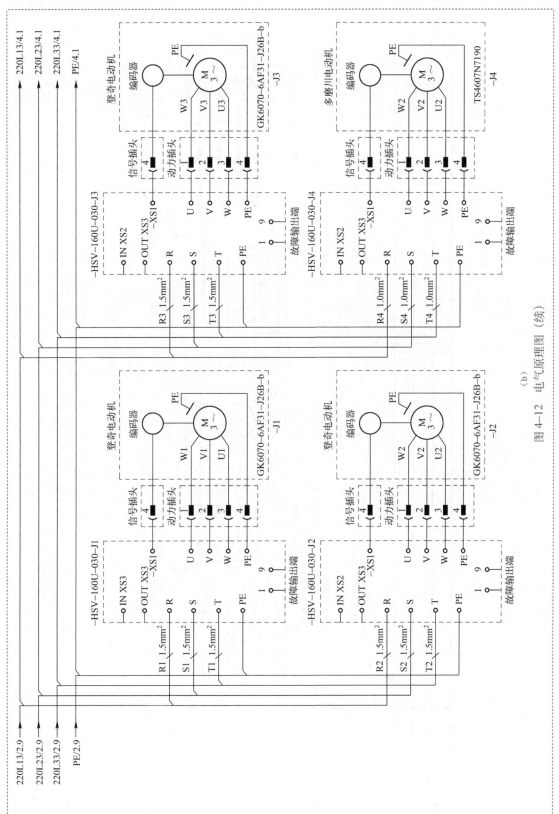

图 4-12 电气原理图（续）

(b)

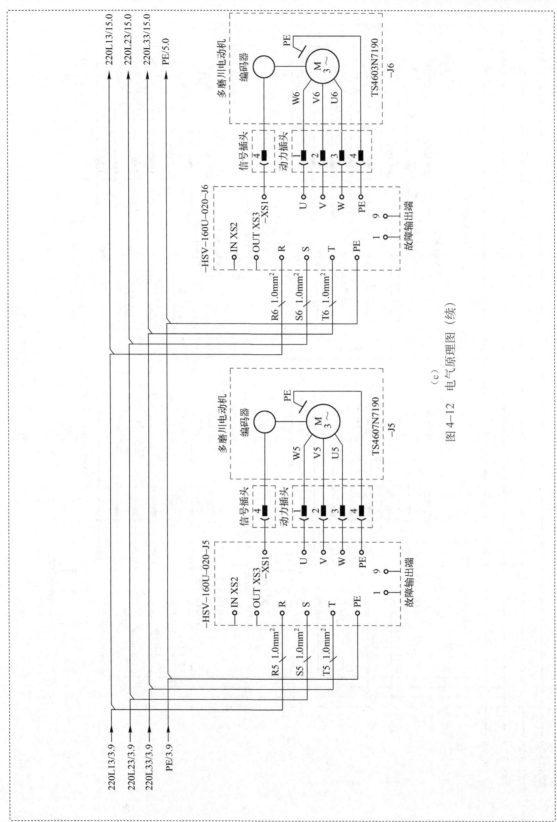

图4-12 电气原理图（续）

（c）

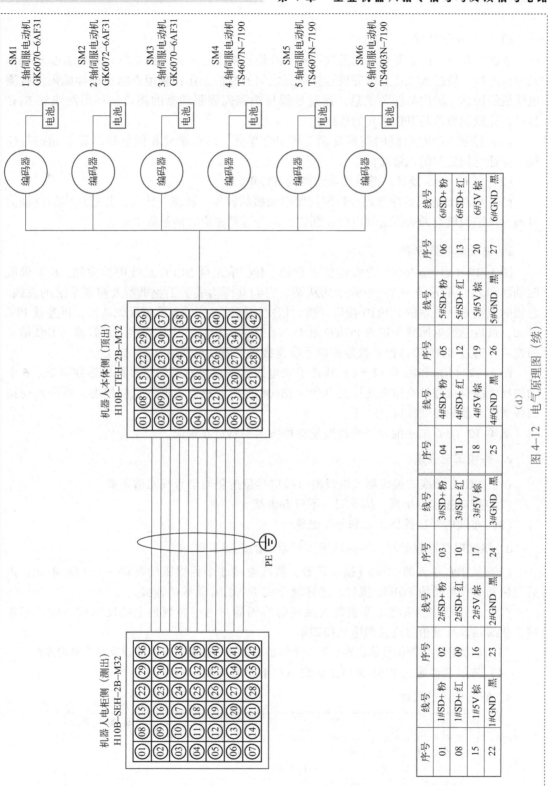

(d)

图4-12　电气原理图（续）

1）工作任务分析

本次工作任务的主要目的就是利用专用线缆，对 IPC 单元、PLC 单元和伺服驱动器单元进行连接，通过 NCUC 总线完成运算单元之间的通信工作；利用光电式脉冲编码器检测电动机的转速、转向与转角信息，通过导线反馈到伺服驱动器的接口；利用网线和 RJ45 接口，完成示教器与 IPC 单元的连接。

（1）按照 NCUC 总线的连接规则，将 IPC 单元、PLC 单元和伺服驱动器单元进行连接，保证它们之间的正常通信。

（2）通过 RJ45 接口，把示教器连接到 IPC 单元。

（3）利用光电式脉冲编码器检测伺服电动机的转角、转速与转向，并把相应的反馈信号通过反馈线航空插头传送到电气控制柜，再传送到相应的伺服驱动器上。

2）电气原理图分析

图 4-12（a）是 NCUC 总线连接示意图，IPC 单元是 NCUC 总线中的主站，6 个伺服驱动器和 PLC 单元是 NCUC 总线中的从站，它们共同构成了工业机器人控制系统的总线。总线的连接是从主站的 PORT0 接口开始，依次连接轴 1～轴 6 的伺服驱动器，再连接 PLC 单元，最后总线返回到主站的 PORT3 接口。在图 4-12（a）中还描述了示教器与 IPC 单元的连接，通过 RJ45 接口把示教器的信号线连接到了 IPC 单元的 WAN 口上。

图 4-12（b）和图 4-12（c）描述了光电式脉冲编码器反馈信号线的连接情况，6 个轴的反馈线缆通过航空插头连接到 HSR－JR608 型工业机器人电气控制柜内，再分别连接到各个驱动器的反馈接口 XS1 上。

图 4-12（d）描述的是反馈线缆航空插头的引脚分布情况。

2. 布线工艺要求

（1）NCUC 总线式编码器反馈线的布线应尽量避免与动力线同槽布置。

（2）接口连接要接紧、接牢固，不可有虚接。

（3）布线时严禁损伤线芯和导线绝缘。

3. 根据电气原理图和元件接线图进行电路的连接工作

（1）从 IPC 单元的 PORT0 接口开始，依次连接 6 个伺服驱动器和一个 PLC 单元，最后返回到 IPC 单元的 PORT3 接口，这样就完成了 NCUC 总线的连接。

（2）通过航空插头将工业机器人底座的编码器与电气控制柜上的反馈航空插座相连接，使编码器反馈信号连接到电气控制柜。

（3）将编码器反馈信号依次连接到 6 个轴的驱动器 XS1 接口上，完成反馈信号的连接。

（4）将示教器通过 RJ45 接口连接到 IPC 单元的 WAN 口。

4. 所接电路的检查

检查项目	检查结果
检查 NCUC 总线连接是否正确，总线进口与总线出口是否连接正确	
检查 NCUC 总线连接是否牢固	
检查航空插头连接是否牢固，锁扣是否锁紧	
检查伺服驱动器反馈线缆连接是否牢固	
检查示教器与 IPC 单元连接是否牢固	

考核与评价表3

基本素养（20分）			
序号	评估内容	自评	互评	师评

序号	评估内容	自评	互评	师评
1	纪律（无迟到、早退、旷课）（10分）			
2	参与度、团队协作能力、沟通交流能力（5分）			
3	安全规范操作（5分）			

理论知识（25分）				
序号	评估内容	自评	互评	师评
1	总线相关知识的掌握（10分）			
2	编码器相关知识的掌握（5分）			
3	驱动器反馈接口相关知识的掌握（5分）			
4	电气原理图绘制方法与识读方法的掌握（5分）			

技能操作（55分）				
序号	评估内容	自评	互评	师评
1	NCUC总线的连接（10分）			
2	驱动器反馈电路的连接（10分）			
3	布线工艺的合理性与外观美观（10分）			
4	识读电气原理图的能力（10分）			
5	电路连接的正确性（15分）			
综合评价				

第5章

工业机器人PLC控制

项目内容及要求

教学描述	利用 PLC 完成数控机床与工业机器人的控制及通信工作，完成数控机床自动上下料控制
教学目标	1. 数控机床加工完毕后，防护门自动打开，工业机器人开始工作； 2. 数控机床的液压卡盘与工业机器人的气爪协调控制，完成下料与上料的控制； 3. 工业机器人退到安全位置后可控制数控机床启动运行，进行加工； 4. 工业机器人能自动抓取毛坯与摆放加工好的零件
知识目标	1. 掌握工业机器人与数控机床通信的原理； 2. 掌握 PLC 的工作方式、工作过程； 3. 掌握 PLC 常用指令的使用
能力目标	1. 能利用工业机器人 PLC 的开关量控制功能控制数控机床的工作； 2. 能利用数控机床 PLC 的开关量控制功能控制工业机器人的工作

5.1 可编程逻辑控制器的概念与特点

5.1.1 可编程逻辑控制器（PLC）的定义与应用范围

1. PLC 的定义

可编程逻辑控制器简称 PLC（Programmable Logic Controller）。在 1987 年国际电工委员会（IEC）颁布的 PLC 标准草案中对 PLC 做了如下定义："PLC 是一种数字运算操作的电子系统，专门在工业环境下应用而设计。它采用可以编制程序的存储器，用于执行逻辑运算和顺序控制、定时、计数和算术运算等操作指令，并通过数字或模拟的输入（I）和输出（O）接口控制各种类型的机械设备或生产过程。"

该定义强调了可编程控制器是"数字运算操作的电子系统"，是一种计算机。它是"专为工业环境下应用而设计"的工业计算机，是一种用程序改变控制功能的设备，该种设备采用"面向用户的指令"，因此编程方便，可完成逻辑运算、顺序控制、定时计数和数学运算操作，还具有数字量与模拟量的输入/输出能力。

可编程控制器是应用面广、功能强大、使用方便的通用工业控制设备，已经成为当代工业自动化的主要支柱之一。

2. PLC 的应用范围

PLC 的应用范围非常广阔，经过 30 多年的发展，目前 PLC 已经广泛应用于冶金、石油、化工、建材、电力、矿山、机械制造、汽车、交通运输、轻纺、环保等各行各业。可以说，凡是有控制系统存在的地方就有 PLC。

概括起来，PLC 的应用主要有以下 5 个方面。

1）开关量控制

这是 PLC 最基本的应用领域，可用 PLC 取代传统的继电器控制系统，实现逻辑控制和顺序控制。在单机控制、多机群控和自动生产线控制方面都有很多成功的应用实例。如机床电气控制、起重机、皮带运输机和包装机械的控制，注塑机的控制，电梯的控制，饮料灌装生产线、家用电器（电视机、冰箱、洗衣机等）自动装配线的控制，汽车、化工、造纸、轧钢自动生产线的控制等。

2）模拟量控制

目前，很多 PLC 都具有模拟量处理功能，通过模拟量 I/O 模块可对温度、压力、速度、流量等连续变化的模拟量进行控制，而且编程和使用都很方便。大、中型的 PLC 还具有 PID 闭环控制功能，运用 PID 子程序或使用专用的智能 PID 模块，可以实现对模拟量的闭环过程控制。随着 PLC 规模的扩大，控制的回路已从几个增加到几十个甚至上百个，可以组成较复杂的闭环控制系统。PLC 的模拟量控制功能已广泛应用于工业生产各个行业，如自动焊机控制、锅炉运行控制、连轧机的速度和位置控制等都是典型的闭环过程控制的应用场合。

3）运动控制

运动控制是指 PLC 对直线运动或圆周运动的控制，也称为位置控制。早期 PLC 通过开关量 I/O 模块与位置传感器和执行机构的连接来实现这一功能,现在一般都使用专用的运动控制模块来完成。目前,PLC 的运动控制功能广泛应用在金属切削机床、电梯、工业机器人等各种机械设备上,典型的如 PLC 和计算机数控装置(CNC)组合成一体,构成先进的数控机床。

4)数据处理

现代 PLC 都具有不同程度的数据处理功能,能够完成数学运算(函数运算、矩阵运算、逻辑运算),以及数据的移位、比较、传递、数值的转换和查表等操作,对数据进行采集、分析和处理。数据处理通常用在大、中型控制系统中,如柔性制造系统、工业机器人的控制系统等。

5)通信联网

通信联网是指 PLC 与 PLC 之间、PLC 与上位计算机或其他智能设备之间的通信。通过 PLC 和计算机的 RS232 或 RS422 接口、PLC 的专用通信模块,用双绞线和同轴电缆或光缆将它们连成网络,可实现相互间的信息交换,构成"集中管理、分散控制"的多级分布式控制系统,建立工厂的自动化网络。

5.1.2 PLC 的特点

1. 可靠性高,抗干扰能力强

现代 PLC 采用了集成度很高的微电子器件,大量的开关动作由无触点的半导体电路来完成,其可靠程度是使用机械触点的继电器所无法比拟的。为了保证 PLC 能在恶劣的工业环境下可靠工作,在其设计和制造过程中采取了一系列硬件和软件方面的抗干扰措施。

1)在硬件方面采取的主要措施

(1)隔离。PLC 的输入/输出接口电路一般都采用光电耦合器来传递信号,这种光电隔离措施使外部电路与 PLC 内部之间完全避免了联系,有效地抑制了干扰源对 PLC 的影响,还可防止外部强电进入内部 CPU。

(2)滤波。在 PLC 电路电源和输入/输出(I/O)电路中设置多种滤波电路,可有效抑制高频干扰信号。

(3)在 PLC 内部对 CPU 供电电源采取屏蔽、稳压、保护等措施,防止干扰信号通过供电电源进入 PLC 内部。另外,各个输入/输出(I/O)接口电路的电源彼此独立,可以避免电源之间的互相干扰。

(4)内部设置联锁、环境检测与诊断等电路,一旦发生故障,立即报警。

(5)外部采用密封、防尘、抗振的外壳封装结构,以适应恶劣的工作环境。

2)在软件方面采取的主要措施

(1)设置故障检测与诊断程序,每次扫描都对系统状态、用户程序、工作环境和故障进行检测与诊断,发现出错后,立即自动做出相应的处理,如报警、保护数据和封锁输出等。

(2)对用户程序及动态数据进行电池后备,以保障停电后有关状态及信息不会因此而丢失。

采用以上抗干扰措施后,一般 PLC 的抗电平干扰强度可达峰值 1000V,其平均无故障时间可高达 30 ～ 50 万小时以上。

2. 编程简单易学

PLC 采用与继电器控制电路图非常接近的梯形图作为编程语言，它既有继电器电路清晰直观的特点，又充分考虑了电气工人和技术人员的读图习惯，对使用者来说，几乎不需要专门的计算机知识。因此，易学易懂，程序改编时也容易修改。

3. 功能完善，适应性强

目前 PLC 产品已经标准化、系列化和模块化，不仅具有逻辑运算、计时、计数、顺序控制等功能，还具有 A/D 转换、D/A 转换、算术运算及数据处理、通信联网和生产过程监控等功能。它能根据实际需要，方便灵活地组装成大小各异、功能不一的控制系统，既可控制一台单机、一条生产线，又可以控制一个机群、多条生产线；既可以现场控制，又可以远程控制。

针对不同的工业现场信号，如交流或直流、开关量或模拟量、电流或电压、脉冲或电位、强电或弱电等，PLC 都有相应的 I/O 接口模块与工业现场控制器件和设备直接连接，用户可以根据需要方便地进行配置，组成实用、紧凑的控制系统。

4. 使用简单，调试维修方便

PLC 的接线非常方便，只需将产生输入信号的设备（如按钮、开关等）与 PLC 的输入端子连接，将接收输出信号的被控设备（如接触器、电磁阀等）与 PLC 的输出端子连接即可，用螺丝刀即可完成全部接线工作。

PLC 的用户程序可在实验室模拟调试，输入信号用开关来模拟，输出信号可以观察 PLC 的发光二极管。调试后再将 PLC 在现场安装通调。调试工作量要比继电器控制系统少得多。

PLC 的故障率很低，并且有完善的自诊断功能和运行故障指示装置。一旦发生故障，可以通过 PLC 上各种发光二极管的亮灭状态迅速查明原因，排除故障。

5. 体积小、重量轻、功耗低

由于 PLC 采用半导体大规模集成电路，因此整个产品结构紧凑、体积小、重量轻、功耗低，PLC 很容易装入机械设备内部，是实现机电一体化的理想控制设备。

5.1.3　PLC 编程语言

PLC 采用普遍流行的梯形图进行编程，直观易懂。它是通过连线把 PLC 指令的梯形图符号连接在一起的连通图，与电气原理图相似。梯形图通常有左右两条母线，两母线之间是内部"软继电器"的常开、常闭触点及继电器线圈组成的平行的逻辑行，每个逻辑行以触点与左母线开始，以线圈和右母线结束。

梯形图沿用继电器等概念，如输入继电器、输出继电器和内部辅助继电器，它们不是真实的硬件继电器，而是在梯形图中使用的编程元件（软元件），每一个软元件都与 PLC 存储器的元件映像存储器中的存储单元相对应。

5.2　PLC 的硬件结构

PLC 是一种以微处理器为核心的工业通用自动控制装置，其实质是一种工业控制用的专用计算机。因此，其组成与一般的微型计算机基本相同，也是由硬件系统和软件系统两大部分构成的。

这里只介绍 PLC 的硬件组成及作用。

可编程控制器（PLC）主要由 CPU、存储器、I/O 单元、外设接口、电源等组成。图 5-1 为 PLC 硬件系统的结构框图。

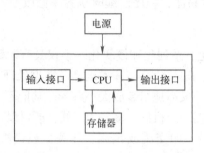

图 5-1　PLC 硬件系统的结构框图

5.2.1　中央处理单元（CPU）

CPU 是 PLC 的核心，由控制器、运算器和寄存器等组成。它按照系统程序赋予的功能接收并存储用户程序和数据，用扫描的方式采集由现场输入设备送来的状态或数据，将其存储在输入寄存器中，并能诊断电源和内部电路的工作状态。

当 PLC 投入运行时，首先它以扫描的方式接收现场各输入装置的状态和数据，并分别存入 I/O 映像区，然后从用户程序存储器中逐条读取用户程序，经过命令解释后按指令的规定执行逻辑"或"运算，再将结果送入 I/O 映像区或数据寄存器内。等所有的用户程序执行完毕之后，最后将 I/O 映像区的各输出状态或输出寄存器内的数据传送到相应的输出装置，如此循环运行，直到停止运行。

为了进一步提高 PLC 的可靠性，对大型 PLC 还采用双 CPU 构成冗余系统，或采用三 CPU 的表决式系统。这样，即使某个 CPU 出现故障，整个系统仍能正常运行。

CPU 速度和内存容量是 PLC 的重要参数，它们决定着 PLC 的工作速度、I/O 数量及软件容量等，因此限制着控制规模。

5.2.2　存储器

PLC 存储器包括系统存储器和用户存储器。

系统存储器固化厂家编写的系统程序，用户不可以修改，包括系统管理程序和用户指令解释程序等。

用户存储器包括用户程序存储器（程序区）和功能存储器（工作数据区）两部分。工作数据区是外界与 PLC 进行信息交互的主要交互区，它的每一个二进制位、每一个字节单位和字单位都有唯一的地址。

系统存储器是存放系统软件的存储器；用户存储器是存放 PLC 用户程序的存储器。数据存储器用来存储 PLC 程序执行时的中间状态与信息，它相当于 PC 的内存。

5.2.3　输入/输出接口（I/O 模块）

PLC 与电气回路的接口是通过输入/输出部分（I/O）完成的。I/O 模块集成了 PLC 的 I/O

电路，其输入寄存器反映输入信号状态，输出点反映输出锁存器状态。输入模块将电信号变换成数字信号进入 PLC 系统，输出模块则正好相反。I/O 分为开关量输入（DI）、开关量输出（DO）、模拟量输入（AI）、模拟量输出（AO）等模块。

输入接口是连接外部输入设备和 PLC 内部的桥梁，输入回路电源为外接直流电源。输入接口接收来自输入设备的控制信号，如限位开关、操作按钮及一些传感器的信号。通过接口电路将这些信号转换成 CPU 能识别的二进制信号，进入内部电路，存储在输入映像寄存器中。运行时 CPU 从输入映像寄存器中读取输入信息并进行处理。

输出接口连接被控对象的可执行元件，如接触器、电磁阀和指示灯等。它是 PLC 与被控对象的桥梁，输出接口的输出状态是由输入接口输入的数据与 PLC 内部设计的程序决定的。

5.2.4 通信接口

通信接口的主要作用是实现 PLC 与外部设备之间的数据交换（通信）。通信接口的形式多样，最基本的有 RS232、RS422/RS485 等的标准串行接口。可以通过多芯电缆、双绞线、同轴电缆、光缆等进行连接。

5.2.5 电源

电源为 PLC 电路提供工作电源，在整个系统中起着十分重要的作用。一个良好、可靠的电源系统是 PLC 稳定运行的最基本保障。一般交流电压波动在 +10%（+15%）范围内，可以不采取其他措施而将 PLC 直接连接到交流电网上。电源输入类型有交流电源（AC 220V 或 AC 110V）和直流电源（常用的为 DC 24V）。

5.3 PLC 的工作方式与工作过程

5.3.1 PLC 的工作方式

PLC 靠执行用户程序来实现控制要求。为了便于执行程序，在存储器中设置输入映像寄存器区和输出映像寄存器区（或统称 I/O 映像区），分别存放执行程序之前的各输入状态和执行过程中各运算结果的状态。PLC 对用户程序的执行是以循环扫描方式进行的。所谓扫描，只不过是一种形象的说法，用来描述 CPU 对程序顺序、分时操作的过程。扫描从第 0 号存储地址所存放的第 1 条用户程序开始，在无中断或跳转控制的情况下，按存储地址号递增的方向顺序逐条扫描用户程序，也就是顺序执行程序，直到程序结束，即完成一个扫描周期，然后再从头开始执行用户程序，并周而复始地重复。由于 CPU 的运算处理速度很高，使得从外观上看，用户程序似乎是同时执行的。

PLC 的扫描工作方式同传统的继电器控制系统明显不同。继电器控制系统采用硬逻辑并行运行的方式，在执行过程中，如果一个继电器的线圈通电，那么该继电器的所有常开和常闭触点，无论处在控制电路的什么位置，都会立即动作：其常开触点闭合，常闭触点打开。而 PLC 采用循环扫描控制程序的工作方式，在 PLC 的工作过程中，如果某个软继电器的线圈接通，该线圈的所有常开和常闭触点并不一定都会立即动作，只有 CPU 扫描到时才会动作：

其常开触点闭合，常闭触点打开。

5.3.2 PLC 的工作过程

当 PLC 投入运行后，其工作过程一般分为三个阶段，即输入采样、用户程序执行和输出刷新。完成上述三个阶段称作一个扫描周期。在整个运行期间，PLC 的 CPU 以一定的扫描速度重复执行上述三个阶段。

1. 输入采样阶段

在这个阶段中，PLC 按顺序逐个采集所有输入端子上的信号，而不论输入端子上是否接线。CPU 将顺序读取的全部输入信号写入输入映像寄存器中，输入回路通，则相应端子的映像寄存器为 1；输入回路不通，则相应端子的映像寄存器为 0。在当前扫描周期内，用户程序执行时依据的输入信号状态（ON 或 OFF）均从输入映像寄存器中读取，而不管此时外部输入信号状态是否变化。输入采样结束后，转入用户程序执行和输出刷新阶段。在这两个阶段中，即使输入状态和数据发生变化，I/O 映像区中相应单元的状态和数据也不会改变。因此，如果输入是脉冲信号，则该脉冲信号的宽度必须大于一个扫描周期，才能保证在任何情况下，该输入均能被读入。

2. 用户程序执行阶段

在用户程序执行阶段，PLC 总是按由上而下的顺序依次扫描用户程序（梯形图）。在扫描每一条梯形图时，又总是先扫描梯形图左边由各触点构成的控制电路，并按先左后右、先上后下的顺序对由触点构成的控制电路进行逻辑运算，然后根据逻辑运算的结果，刷新该逻辑线圈在系统 RAM 存储区中对应位的状态；或者刷新该输出线圈在 I/O 映像区中对应位的状态；或者确定是否要执行该梯形图所规定的特殊功能指令。在用户程序执行过程中，只有输入点在 I/O 映像区内的状态和数据不会发生变化，而其他输出点和软设备在 I/O 映像区或系统 RAM 存储区内的状态和数据都有可能发生变化，而且排在上面的梯形图，其程序执行结果会对排在下面的能用到这些线圈或数据的所有梯形图起作用；相反，排在下面的梯形图，其被刷新的逻辑线圈的状态或数据只能到下一个扫描周期才能对排在其上面的程序起作用。

3. 输出刷新阶段

当 CPU 对全部用户程序扫描结束后，将元件映像寄存器中所有输出映像继电器的状态同时送到输出锁存器中，再由输出锁存器经输出端子驱动各输出继电器所带的负载，所以输出刷新阶段也是集中批处理过程。输出刷新阶段结束后，CPU 进入下一个扫描周期，周而复始，直至 PLC 停机或切换到 STOP 工作状态。

5.4 PLC 的程序结构

PLC 控制程序通常由三部分组成：初始化程序部分、第一级程序部分和第二级程序部分及其子程序，程序结构如图 5-2 所示。

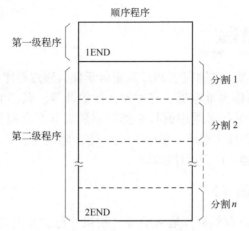

图 5-2　PLC 程序结构示意图

初始化程序部分只在系统启动时执行一次。

第一级程序是从程序开始到 1END 命令之间，每 1ms 执行一次。主要特点是信号采样实时，且输出信号响应快。它主要处理短脉冲信号，如急停、跳转、超程等信号。在第一级程序中，程序应尽可能短，这样可以缩短 PLC 程序的执行时间。第二级程序每 n ms 执行一次，n 为第二级程序的分割数。程序执行时，第二级程序将被自动分割。

第二级程序是 1END 命令之后，2END 命令之前的程序。第二级程序通常包括功能程序与运动程序。

子程序是 2END 命令之后、END 命令之前的程序。通常将具有特定功能并且多次使用的程序段作为子程序。主程序中用指令决定具体子程序的执行状态。当主程序中调用子程序并执行时，子程序执行全部指令直到结束，然后系统将返回调用子程序的主程序。子程序用于为程序分段和分块，使其成为较小的、更易于管理的块。在程序调试和维护时，通过使用较小的程序块，对这些区域和整个程序进行简单的调试并排除故障。只有在需要时才调用子程序，可以更有效地使用 PLC，因为所有的子程序可能无须每次都扫描，所以能够缩短 PLC 程序处理时间。

梯形图程序分成两部分：第一级程序和第二级程序。第一级程序每个扫描周期都要执行一次，第二级程序则分块执行，每个扫描周期只执行一块。因此，第二级程序执行周期为（见图 5-3）：

第二级程序执行周期 = PLC 扫描周期 × 第二级程序分块数

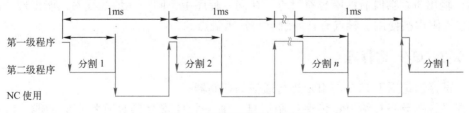

图 5-3　梯形图程序执行过程

5.5　PLC 的寄存器

PLC 与继电器控制的根本区别在于 PLC 采用软元件，通过程序将各元件联系起来。通常习惯将 PLC 中的软元件仍称为继电器、定时器、计数器等，其实它们并不是实际的物理实体。对于上述元件在使用时都必须用编号来加以识别。下面介绍编址方法：每个编程元件（软元件）的编码由字母和数字组成。字母 X 表示输入继电器，Y 表示输出继电器，R 表示中间继电器，T 表示定时器，C 表示计数器。

5.5.1　输入寄存器（X）

PLC 的输入寄存器用于存储外部输入信号（按钮、行程开关等输入信号）。每一个输入寄存器都与一个输入端子相对应，当输入端子得到一个有效信号之后，对应的输入寄存器内的数据将由 "0" 变为 "1"。

（1）输入寄存器用字母 X 表示，输入地址由 X + 字节 + 位地址表示，见图 5-4。

（2）输入寄存器只能由外部信号驱动，驱动信号多是直流电源信号，可以是 DC 24V 电源中的正极，也可是 DC 24V 电源中的负极。

（3）寄存器的位地址编址采用八进制数。

（4）拥有常开触点与常闭触点，触点使用的次数不受限制。

5.5.2　输出寄存器（Y）

PLC 的输出寄存器用于存储 PLC 程序的运算结果，并通过输出接口控制外部执行元件（继电器、电磁阀等）。每一个输出寄存器都与唯一的输出端子相对应。

（1）输出寄存器用字母 Y 表示，输入地址由 Y + 字节 + 位地址表示，见图 5-5。

图 5-4　输入寄存器　　　　　　　　　图 5-5　输出寄存器

（2）输出寄存器只能由程序运算结果驱动，即只有在程序中控制寄存器线圈的通断电才能控制寄存器内的数据。

（3）输出寄存器的位地址编址采用八进制数。

（4）输出寄存器既有线圈也有触点。在同一程序中，同一地址的线圈只能出现一次，而触点可以无限次被使用。触点有常开触点与常闭触点。

5.5.3　G/F 寄存器

G/F 寄存器是用于 PLC 与 IPC 进行通信的存储器。

G 寄存器用于 PLC 给 IPC 传递控制信息，每一个 G 寄存器具有特定的功能，该功能由 IPC 厂家指定。

F 寄存器用于 IPC 给 PLC 返回确认信息，每一个 F 寄存器具有特定的功能，该功能由

IPC 厂家指定。

5.5.4　R 寄存器

PLC 的 R 寄存器类似于继电器控制中的中间继电器，它不能接收输入信号，也不能对外输出信号，只能存放中间运算结果。某些特殊的 R 寄存器还具有特殊的功能，这些功能是由 PLC 生产厂家指定的。

（1）R 寄存器用字母 R 表示，输入地址由 R + 字节 + 位地址表示，见图 5-6。

（2）R 寄存器只能由程序运算结果驱动，即只有在程序中控制寄存器线圈的通、断电才能控制寄存器内的数据。

（3）输出寄存器的位地址编址采用八进制数。

（4）R 寄存器既有线圈也有触点。在同一程序中，同一地址的线圈只能出现一次，而触点可以无限次被使用。触点有常开触点与常闭触点。

5.5.5　计数器

PLC 通过计数器完成信号累计加减的控制要求。华中 PLC 共有 20 个计数器，计数器号为 1 ～ 20。

计数器的指令表示如图 5-7 所示。

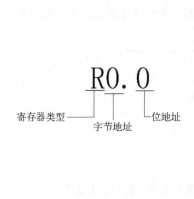

图 5-6　R 寄存器　　　　　　　　　图 5-7　计数器指令

1. 控制条件

1）指定初始值（CN0）

CN0 = 0：计数值从 0 开始，即 0，1，2，3，4，5，……

CN0 = 1：计数值从 1 开始（0 不使用），即 1，2，3，4，5，……

2）指定上升型或下降型计数器（UPDOWN）

UPDOWN = 0：减计数器。计数器从预置值开始减计数，到达由 CN0 指定的值后再返回预置值继续减计数。

UPDOWN = 1：加计数器。计数器从 CN0 指定的值开始加计数，到达预置值后再返回 CN0 指定的值继续加计数。

3）复位（RST）

RST = 0：禁止复位。此时 CTR 处于正常计数状态。

RST = 1：复位有效。此时计数器输出低电平，且计数值复位为初始值。初始值由 CN0 和 UPDOWN 共同确定。

4）计数信号（ACT）

计数信号上升沿有效，即 ACT 由低电平向高电平跳变时，计数一次。

2. 结果输出

RST = 1 时，CTR 处于复位状态，输出始终保持低电平。

RST = 0 时，CTR 处于计数状态，此时的输出分以下两种情况。

（1）若为加计数器（UPDOWN = 1），则当计数值 = 预置值时，输出高电平，否则输出低电平。

（2）若为减计数器（UPDOWN = 0），则当计数值到达最小值时，输出高电平，否则输出低电平（最小值由 CN0 指定为 0 或者 1）。

5.5.6 定时器

定时器关闭时，没有定时输出功能，且输出始终为低电平；定时器启动后，到达设定的时间时，输出高电平，使随后的定时继电器导通（定时继电器由设计者给定），见图5-8。

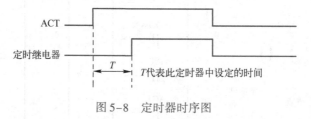

图 5-8 定时器时序图

1. 控制条件（见图5-9）

ACT = 0：关闭定时器。此时定时器没有延时输出功能，且输出保持低电平。

ACT = 1：启动定时器。到达设定时间后，输出高电平，使定时继电器导通。

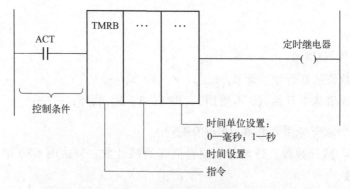

图 5-9 定时器指令格式

2. 指令参数

时间设置：用于设定定时器动作的延时时间。

单位设定：用于设置延时时间的单位，0—毫秒，1—秒。

3. 结果输出

ACT＝0 时，定时器处于关闭状态，输出始终为低电平。

ACT 由低电平跳变到高电平时（上升沿触发），定时器启动，定时时间到达前，输出为低电平；到达后，输出保持高电平，直到 ACT 的另一个上升沿重新启动定时器。

5.6　PLC 的基本元件与指令系统

顺序程序主要由线圈、触点、符号和功能块等元素组成，梯形图中连接各个元素的线段构成了顺序程序的逻辑关系。可以使用梯形图或语句表指令来描述顺序程序。语句表指令需要使用助记符（LD、AND、OR 等）和寄存器地址来编写，梯形图则不必知道助记符的含义而使用继电器的线圈触点和功能块来编写。

5.6.1　基本逻辑控制元件

1. 常开触点

功能描述：其功能类似于继电器的常开触点。当指定寄存器地址中位的值为"0"时，常开触点打开；当指定寄存器地址中位的值为"1"时，常开触点闭合。寄存器位地址内的值默认为"0"。

表示符号为：

$$—\overset{<地址>}{\vert\vert}\underset{<注释>}{}—$$

2. 常闭触点

功能描述：其功能类似于继电器的常闭触点。当指定寄存器地址中位的值为"0"时，常闭触点闭合；当指定寄存器地址中位的值为"1"时，常闭触点打开。寄存器位地址内的值默认为"0"。

表示符号为：

$$—\overset{<地址>}{\vert/\vert}\underset{<注释>}{}—$$

3. 线圈输出

功能描述：其功能类似于继电器中的线圈，对线圈进行操作可控制位地址内的值为"1"或为"0"。简单地说，当某线圈得电后，其控制的位地址内的值将由"0"变为"1"。

表示符号为：

$$—\overset{<地址>}{\bigcirc}\underset{<注释>}{}—$$

如图 5-10 所示，当 X0.1 和 X0.2 寄存器内的值同时为"1"时，或者当 X0.4 和 X0.2 寄存器内的值同时为"1"时，线圈 R10.1 得电，R10.1 寄存器内的值由"0"变为"1"。

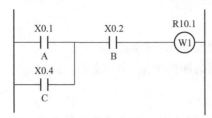

图5-10 基本元件程序示例

5.6.2 基本指令与编程方式

梯形图指令（Ladder Diagram，LAD）与语句表指令（Statement List，STL）是可编程控制器程序中最常用的两种表述工具，它们之间有着密切的对应关系。逻辑控制指令是PLC中最基本、最常用的指令，是构成梯形图及语句表的基本成分。

基本逻辑控制指令一般是指位逻辑指令、定时器指令和计数器指令。位逻辑指令又包含触点指令、线圈指令等。这些指令处理的对象大多为位逻辑量，主要用于逻辑控制类程序中。

1. 逻辑取指令与线圈输出指令

触点及线圈是梯形图最基本的元件，从元件角度出发，触点及线圈是元件的组成部分，线圈得电，则该线圈的常开触点闭合，常闭触点断开；反之，线圈失电，则常开触点恢复断开，常闭触点恢复闭合。就梯形图的结构而言，触点是线圈的工作条件，线圈的动作是触点运算的结果。

（1）取指令（LD）：用于与母线连接的常开触点，指令格式为"LD 字节.位"。

（2）取反指令（LDI）：用于与母线连接的常闭触点，指令格式为"LDI 字节.位"。

（3）输出指令（OUT）：也叫线圈驱动指令，将运算结果输出到某个继电器中，指令格式为"OUT 字节.位"。

取指令与输出指令使用说明如下。

① LD、LDI、OUT指令的操作数为：X、Y、R、T、C。

② LD、LDN不只适用于网络块逻辑计算开始时与母线相连的常开和常闭触点，在分支电路块的开始也要使用LD、LDN指令。

③ 并联OUT指令可连续使用任意次。

④ 在同一程序中不能使用双线圈输出，即同一个元件在同一程序中只能使用一次OUT指令。

2. 触点串联指令

（1）与指令（AND）：用于单个常开触点的串联连接，指令格式为"AND 字节.位"。

（2）与非指令（ANI）：用于单个常闭触点的串联连接，指令格式为"ANI 字节.位"。

3. 触点并联指令

（1）或指令（OR）：用于单个常开触点的并联连接，指令格式为"OR"。

（2）或非指令（ORI）：用于单个常闭触点的并联连接，指令格式为"ORI"。

触点串/并联程序示例如图5-11所示。

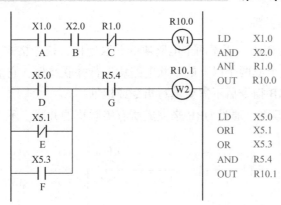

图 5-11　触点串/并联程序示例

4. 置位与复位指令

（1）置位指令（SET）：从 bit 开始的 *N* 个元件置 1 并保持。指令画法为———①———。

（2）复位指令（RST）：从 bit 开始的 *N* 个元件清零并保持。指令画法为———①———。

S/R 指令使用说明如下。

① S/R 指令的操作数为：I、O、M、SM、T、C、V、S 和 L。

② 设置（S）和复原（R）指令设置（打开）或复原指定的点数（*N*），从指定的地址（位）开始，可以设置和复原 1 ～ 255 个点。

③ 对位元件来说，其一旦被置位，就会保持在通电状态，除非对它复位；而一旦被复位就会保持在断电状态，除非再对它置位。

④ S/R 指令可以互换次序使用，但由于 PLC 采用扫描工作方式，所以写在后面的指令具有优先权。

⑤ 如果复位指令的操作数是一个定时器位（T）或计数器位（C），会使相应定时器位、计数器位复位为 0，并清除定时器/计数器的当前值。

置位线圈程序示例如图 5-12 所示，复位线圈程序示例如图 5-13 所示。

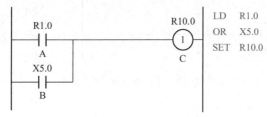

图 5-12　置位线圈程序示例

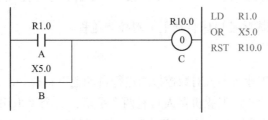

图 5-13　复位线圈程序示例

5. 电路块的串联与并联

（1）电路块的并联 ORB：用于两个电路块的并联连接，指令格式为"ORB"。

ORB 的作用是对两个或两个以上的串联电路块进行并联操作，它的操作目标是距离它最近的两个串联电路。ORB 指令后不需要填写指令或地址。

以 LD 或 LDI 开始编程，通过 ORB 来完成所有串联块的并联，示例如图 5-14 所示。

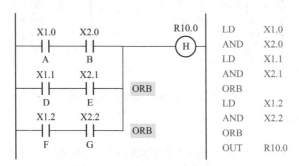

图 5-14　电路块并联程序示例

（2）电路块的串联 ANB：用于两个电路块的串联连接，指令格式为"ANB"。

ANB 的作用是对两个或两个以上的并联电路块进行串联操作，它的操作目标是距离它最近的两个并联电路。ANB 指令后不需要填写指令或地址。

以 LD 或 LDI 开始编程，通过 ANB 来完成所有并联块的串联，示例如图 5-15 所示。

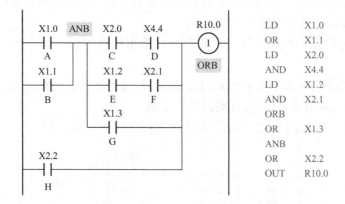

图 5-15　电路块串联程序示例

实训项目 4　工业机器人自动上下料控制

利用工业机器人完成数控机床自动上下料控制流程。

1. 工作任务

本次工作要求利用工业机器人对数控机床进行自动上下料操作。数控机床具有自动防护门功能，具有液压卡盘功能。工业机器人具有两个手爪，一个手爪用于夹持加工好的零件，

称为零件手爪，另一个手爪用于夹持毛坯，称为毛坯手爪。

工作过程是机床加工完毕后，防护门自动打开，之后工业机器人开始进行自动上下料工作。首先是由零件手爪取走机床上已经加工好的零件，再通过手爪的转位，把毛坯手爪转到液压卡盘位置，进行毛坯的上料。上料完成后，机器人退出机床区域，到达安全位置后，防护门自动关闭，开始加工，加工完毕后，循环此流程。

2．工作流程分析

数控机床自动上下料是工业机器人的典型工作任务之一，在此过程中共有 11 个工作状态，各个工作状态依次执行，完成自动上下料工作，其具体的工作流程见图 5-16。

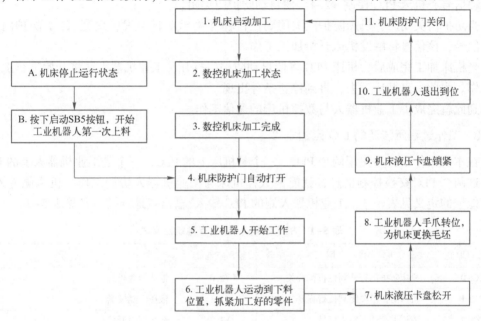

图 5-16　自动上下料工作流程图

在此工作流程中，分为两大部分，第一部分为工业机器人第一次为数控机床上料，流程图从 A 状态开始，通过按钮 SB5 启动设备。第二部分是一个循环过程，也就是工业机器人不断地为机床进行自动上下料，机床循环加工的过程，流程图从 1 状态开始。

具体控制过程：在 A 状态下，机床未工作，按下启动按钮 SB5 后，机床上的防护门打开，打开到位时将触发行程开关 SQ1 的信号，该信号将传输到工业机器人 PLC 的输入端子 X1.0 上，作为工业机器人开始工作的触发信号。

当工业机器人运动到下料位置后，工业机器人 PLC 将输出零件抓紧信号 Y1.0，抓紧信号 Y1.0 传输到机床 PLC 的输入端子 X2.2 上，作为液压卡盘松开输入信号。

为保证零件的有效抓持，当液压卡盘接收到松开信号后，需要 0.5s 的延时处理后，接通机床 PLC 的 Y2.0，使液压卡盘松开。

机床 PLC 的液压卡盘松开信号 Y2.0 需要接到工业机器人 PLC 的 X1.1 上，作为工业机器人零件手爪取走零件并更换毛坯的触发信号。

当毛坯更换到位后，由工业机器人 PLC 发出到位信号 Y1.1，该信号需要传输到机床 PLC 的 X2.3 端子上，作为液压卡盘的锁紧触发信号。通过机床 PLC 处理，使卡盘锁紧信号 Y2.1 输出，卡盘锁紧毛坯。

机床 PLC 发出的卡盘锁紧信号 Y2.1 需要传输到工业机器人 PLC 的 X1.2 端子上，作为工业机器人毛坯手爪松开信号的触发信号。为保证不会发生掉件现象，需要在液压卡盘锁紧 0.5s 后，工业机器人的毛坯手爪才能松开，毛坯手爪的松开信号为 Y1.2。

当毛坯手爪松开后，工业机器人将退出机床区域。当退到安全区域后，通过工业机器人 PLC 发出一个退出到位信号 Y1.3。该信号将输入给机床 PLC 的 X2.4，作为防护门关闭的启动信号，机床 PLC 控制 Y2.4，使自动防护门关闭。

当防护门关闭后，机床防护门关闭到位行程开关 SQ2 被触发，接通 X2.1 防护门关闭到位信号，该信号将触发机床开始加工工作。

当机床加工完成后，机床 PLC 将使自动防护门打开，工业机器人又将开始进行上下料的工作。由此一直循环下去，直到停止条件出现。

到此就完成了工业机器人与数控机床的通信工作。

3. 工作过程所涉及的 I/O 点的定义

在本次工作中，共使用两个 PLC，一个是机床上的 PLC，一个是工业机器人上的 PLC，通过这两个 PLC 交换控制信息，就能使数控机床与工业机器人协调工作。机床侧输入/输出点地址的定义见表 5-1，工业机器人侧的 PLC 输入/输出点地址的定义见表 5-2。

表 5-1　机床侧输入/输出点地址定义表

输入点地址	作　　用	输出点地址	作　　用
X2.0	机床防护门打开到位行程开关	Y2.0	液压卡盘松开
X2.1	机床防护门关闭到位行程开关	Y2.1	液压卡盘锁紧
X2.2	液压卡盘松开输入信号	Y2.2	防护门打开信号
X2.3	液压卡盘锁紧输入信号	Y2.3	防护门关闭信号
X2.4	关闭自动防护门输入信号		
X2.5	第一次上料的启动按钮输入		

表 5-2　工业机器人侧的 PLC 输入/输出点地址定义表

输入点地址	作　　用	输出点地址	作　　用
X1.0	工业机器人启动信号	Y1.0	零件抓紧信号（用于抓取已加工好的零件）
X1.1	零件手爪抓取零件并更换毛坯信号	Y1.1	更换毛坯到位信号
X1.2	毛坯手爪松开毛坯信号	Y1.2	毛坯手爪释放信号
		Y1.3	工业机器人退出到位信号

4. 设计电气原理图

请根据给定的输入/输出情况，设计工业机器人与数控机床通信的电气原理图。

5. 根据设计的电气原理图进行电路的连接

（1）数控机床 PLC 控制电路的连接。

（2）工业机器人 PLC 控制电路的连接。

考核与评价表4

基本素养（20 分）				
序号	评估内容	自评	互评	师评
1	纪律（无迟到、早退、旷课）（10 分）			
2	参与度、团队协作能力、沟通交流能力（5 分）			
3	安全规范操作（5 分）			
理论知识（30 分）				
序号	评估内容	自评	互评	师评
1	PLC 工作原理知识的掌握（10 分）			
2	PLC 接口知识的掌握（5 分）			
3	PLC 程序编写知识的掌握（5 分）			
4	工业机器人与数控机床通信的方法（10）			
技能操作（50 分）				
序号	评估内容	自评	互评	师评
1	数控机床 PLC 控制电路的连接（20 分）			
2	工业机器人 PLC 控制电路的连接（20 分）			
3	能正确绘制电气原理图（10 分）			
综合评价				

第6章 工业机器人电气控制系统调试

项目内容及要求

教学描述	对工业机器人电气控制系统进行调试与试运行
教学目标	1. 对工业机器人电气控制系统进行上电前的安全检查； 2. 正确设置 IPC 参数； 3. 正确设置伺服参数； 4. 对工业机器人进行试运行； 5. 建立工业机器人的参考点
知识目标	1. 工业机器人电气控制系统上电前的安全检查项目与方法； 2. 掌握 IPC 单元主要参数的含义与设置方法； 3. 掌握伺服驱动器主要参数的含义与设置方法； 4. 常用电路检测工具的使用方法
能力目标	1. 能正确进行设备电气控制系统上电前的检查工作； 2. 能正确设置 IPC 单元的参数； 3. 能正确设置伺服驱动器的参数； 4. 能进行试运行检测工作； 5. 能建立六关节工业机器人的参考点； 6. 能设定六关节工业机器人的软限位

工业机器人电气控制系统连接完毕后，必须进行上电前的检查，检查无误后才能对工业机器人通电。通电后必须对相关参数进行设置，保证工业机器人的正常运行。

6.1 电气控制系统通电前的检查

在工业机器人第一次电气控制系统连接完毕后，第一次上电前，为保证人身与设备的安全，必须进行必要的安全检查工作。

6.1.1 设备外观检查

（1）打开电气控制柜，检查继电器、接触器、伺服驱动器等电气元件安装有无松动现象，如有松动应恢复正常状态，有锁紧机构的接插件一定要锁紧。

（2）检查电气元件接线有无松动与虚接，有锁紧机构的一定要锁紧。

6.1.2 电气连接情况检查

1. 电气连接情况的检查

通常分为三类，即短路检查、断路检查（回路通断）和对地绝缘检查。检查的方法可用万用表一根根地检查，这样花费的时间最长，但是检查是最完整的。

2. 电源极性与相序的检查

对于直流用电器件需要检查供电电源的极性是否正确，否则可能损坏设备。对于伺服驱动器需要检查动力线输入与动力线输出连接是否正确，如果把电源动力线接到伺服驱动器动力输出接口上，将严重损坏伺服驱动器。对于伺服电动机，要检查接线的相序是否正确，连接错误将导致电动机不能运行。

3. 电源电压检查

电源的正常运行是设备正常工作的重要前提，因此在设备第一次通电前一定要对电源进行检查，以防止电压等级超过用电设备的耐压等级。检查的方法是先把各级低压断路器都断开，然后根据电气原理图，按照先总开关、再支路开关的顺序依次闭合开关，一边上电一边检查，检查输入电压与设计电压是否一致。主要检查变压器的输入/输出电压与开关电源的输入/输出电压。

4. I/O 检查

I/O 检查包括 PLC 的输入/输出检查，继电器、电磁阀回路检查，传感器检测，按钮、行程开关回路检查。

5. 认真检查设备的保护接地线

机电设备要有良好的地线，以保证设备、人身安全并减少电气干扰，伺服单元、伺服变压器和强电柜之间都要连接保护接地线。

6.2 上电后的参数设置

若想要控制系统正常运行，正确设置相关参数是必不可少的步骤。在 HSR－JR608 型六

关节工业机器人电气控制系统中，需要设置 IPC 参数和伺服参数。

6.2.1　工业机器人 IPC 参数

IPC 参数用来设置工业机器人的基本工作模式与工作状态，主要包括系统参数、组参数和轴参数。通过设置可实现对工业机器人的控制。HSR－JR608 型六关节工业机器人系统支持 5 个控制组，最多 32 个物理轴。组参数与轴参数相互关联，每个组最多可以配置 9 个逻辑轴。用户可根据需要设置物理轴与逻辑轴之间的映射关系。

每个物理轴只能对应一个组的一个逻辑轴，不能进行多重映射。配置好的物理轴可以在轴参数列表中查看所属控制组的情况。

HSR－JR608 型六关节工业机器人的参数设置界面如图 6-1 所示。

图 6-1　参数设置界面

第一次进入参数设置界面时，单击参数列表中任一行，弹出密码输入对话框，如图 6-2 所示，密码输入正确后才可进入参数设置子列表（初始密码为 "003520"）。

1. 系统参数

本机器人控制系统支持的系统参数有插补周期、硬件通信方式（中断或扫描）、报警履历最大记录数及 WAIT 指令 TIMEOUT 时间。

单击 "系统参数" 选项可进入系统参数设置界面，如图 6-3 所示。

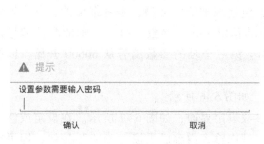

图 6-2　密码输入对话框

图 6-3　系统参数设置界面

参数含义与参数值设定范围见表6-1。

表6-1 参数含义与参数值

参数号	参　数　名	参数值数据类型	取　值　范　围	取值代表含义	默认值	修改权限
20000	插补周期	uBit8	$[100, 10000]$	插补周期，单位为 μs	1000	用户
20005	硬件通信方式	uBit8	$[0, 1]$	0—中断；1—扫描	0	用户
20100	报警履历最大记录数	uBit16	$[10, 500]$	最大记录数	200	用户
20200	WAIT 指令 TIMEOUT 时间	uBit64	$[0, 300]$	最大等待时间，单位为 s	120	用户

2. 组参数

在 IPC 中共有 5 个组参数，均可设置各自独立的参数。组 1 参数编号从 30000 开始，组 2 参数编号从 32000 开始，组 3 参数编号从 34000 开始，组 4 参数编号从 36000 开始，组 5 参数编号从 38000 开始。组 2 ~ 组 5 具体参数编号类似于组 1。

组参数主要用于设定各个轴电动机的物理轴号，设定轴运行的最大速度、最大加速度等运动控制信息。单击"组参数"选项进入组参数设置界面，如图 6-4 所示。

每个组都拥有各自的组参数集，可分别对其进行设置。单击待设置的"组号"，如"组 1"，进入组 1 的设置界面，此时可以对指定组号的参数集进行设置，如图 6-5 所示。这里要特别强调，对轴号进行设置时，由于每个物理轴只能对应单个组的一个逻辑轴，不能进行多重映射，所以如果有某个组已使用了某个轴号，则其他组就不能再使用了。

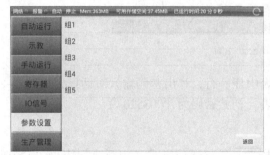

图 6-4　组参数设置界面 1

图 6-5　组参数设置页面 2

3. 轴参数

轴参数设定的是每一个电动机的运动特性，包括该轴的轴类型、是否带反馈、电子齿轮比等参数。在每一组里最多可配 32 个轴，每个轴预留 300 个参数。第一个轴的参数编号从 60000 开始，第二个轴的参数编号从 60300 开始，第三个轴的参数编号从 60600 开始，以此类推。

单击"轴参数"选项进入轴参数设置界面，如图 6-6 所示。

单击需要设定的轴号，就能进入选定轴的参数设定界面，如图 6-7 所示。在设定或修改参数时，只要选择相应的参数行，在弹出的输入框内输入内容后再按"确认"按钮，即可完成参数的设置与修改。

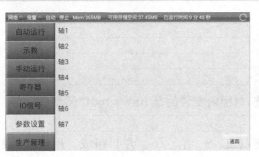

图 6-6　轴参数设置界面 1　　　　　　图 6-7　轴参数设置界面 2

部分轴参数见表 6-2。

表 6-2　轴参数含义与设定范围

参数号	参 　数 　名	参数值数据类型	取值范围	取值代表含义	默 　认 　值	修 改 权 限
60000	轴名	字符串		轴名称	Jn	系统
60001	轴类型	uBit8	{0, 1, 2}	关节轴，旋转轴，直线轴	0	系统
60010	是否带反馈	uBit8	{0, 1}	是，否	0	系统
60020	螺距	fBit64	[1, 360]	螺距，单位为 mm 或°（度）	10	系统
60030	指令类型	uBit8	{0, 1}	增量，绝对	1	系统
60031	电子齿轮比分子	uBit16	[1, 32767]	电子齿轮比分子	1	系统
60032	电子齿轮比分母	uBit16	[1, 32767]	电子齿轮比分母	1	系统
60040	电动机方向取反	uBit8	{0, 1}	是，否	1	系统
60041	编码器脉冲数	uBit32	[1000, 90000000]	编码器脉冲数	10000	系统
60042	编码器类型	uBit8	[0, 10]	0—增量式；1—NCUC 绝对式；2—安川 SIGMA 绝对式；3—三菱 MR 绝对式；4—富士绝对式；5—迈信 EP3 绝对式；6—台达 A2 绝对式；7—山洋 RS1 绝对式	0	系统
60043	反馈齿轮比分子	uBit16	[-32767, 32767]	反馈齿轮比分子	1	系统
60044	反馈齿轮比分母	uBit16	[-32767, 32767]	反馈齿轮比分母	1	系统
60045	反馈位置偏移	fBit64	[-9999999, 9999999]	反馈位置偏移	0	系统
60050	跟踪误差允许值	fBit64	[0.001, 1000]	跟踪误差允许值，单位为 mm	5.000	系统
60060	正向软限位	fBit64	[-99999, 99999]	正向软限位，单位为°（度）	99999.0	系统
60061	负向软限位	fBit64	[-99999, 99999]	负向软限位，单位为°（度）	-99999.0	系统
60070	反向间隙	fBit64	[0, 1000]	未使用	0	系统
60080	最高速度	fBit64	[0, 500]	手动最高速度，单位为°/s	150	系统
60081	电动机最大转速	uBit32	[0, 5000]	单位为 r/min	2000	系统
60090	回零方向	uBit8	{0, 1}	0—正方向；1—负方向	0	系统
60091	回零定位速度	fBit64	[1, 500]	单位为 mm/s	50	系统
60092	回零找 Z 脉冲速度	fBit64	[0.1, 20]	单位为 mm/s	1	系统

6.2.2 工业机器人伺服参数

1. 伺服驱动器的用户操作面板

在 HSR – RJ608 型六关节工业机器人电气控制柜内安装的是 HSV – 160U 伺服驱动器，该驱动器的用户操作面板示意图如图 6-8 所示。

面板由 6 个 LED 数码管显示器和 5 个按键（M、S、上、下、左）组成，用来显示系统的各种状态、设置参数等。各个按键的功能见表 6-3。

表 6-3 伺服驱动器用户操作面板 5 个按键功能一览表

序 号	名 称	功 能
1	M	用于一级菜单（主菜单）方式之间的切换
2	S	进入或确认退出当前操作子菜单
3	上键	参数序号、设定数值的增加，或选项向前
4	下键	参数序号、设定数值的减少，或选项退后
5	左键	移位

2. 菜单说明

在进行参数设置与调整的过程中，需要通过面板上的按键选择进入不同的菜单。在 HSV – 160U 伺服驱动器中，第一层为主菜单，包括 5 种操作模式；第二层为各操作模式下的功能菜单。图 6-9 为其主菜单。

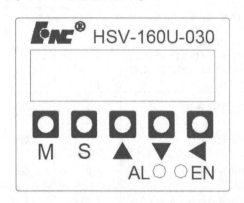

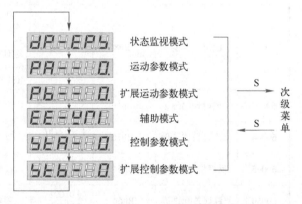

图 6-8 HSV – 160U 伺服器驱动器用户操作面板　　图 6-9 HSV – 160U 伺服驱动器主菜单

通过按 "M" 键可实现一级菜单中各模式之间的切换，通过按 "上" 键、"下" 键可进入第二级功能菜单。

3. 参数的修改与保存

将参数修改后，只有在辅助方式 "EE – WRI" 方式下，按 "S" 键才能保存并在下次上电时有效。部分参数设置后立即生效，错误的设置可能使设备错误运转而导致事故，请谨慎修改。

1）参数的修改

在第一层中选择 `PA----0`，用"上"键、"下"键选择参数号，按"S"键显示该参数的数值，用"上"键、"下"键可以修改参数值。按一次"上"键、"下"键，参数增加或减少 1，按下并保持"上"键、"下"键，参数能连续增加或减少。按"左键"，被修改的参数值的修改位左移一位（左循环）。参数值被修改时，最右边的 LED 数码管小数点点亮，按"S"键返回参数选择菜单。

2）参数的保存

如果修改或设置的参数需要保存，先在 `PA---34` 输入密码：1230，然后按"M"键切换到 `EE-9AE` 方式，按"S"键将修改或设置值保存到伺服驱动器的 E^2PROM 中。完成保存后，数码管显示 `FAAESH`。若保存失败则显示 `EDD6AE`。通过按"M"键可切换到其他模式或通过按"上"键、"下"键切换运动参数。

修改 PA24 至 PA28、PA43 参数，PB 参数，STB 参数时，必须先将 PA34 参数设置为 2003。

4. 参数的设置

HSV-160U 有各种参数，通过这些参数可以调整或设定驱动单元的性能和功能。以下描述了各参数的用途和功能，了解这些参数对使用和操作驱动单元是至关重要的。HSV-160U 参数分为 4 类，即运动控制参数、扩展运动控制参数、控制参数、扩展控制参数，分别对应运动参数模式、扩展运动参数模式、控制参数模式和扩展控制参数模式。可以通过驱动单元面板按键来查看、设定和调整这些参数。

参数分组说明见表 6-4。

表 6-4　参数分组说明

类　别	显　示	参 数 号	说　明
运动参数模式	`PA----`	0～43	可设置各种特性调节、控制运行方式及电动机相关参数
扩展运动参数模式	`PB----`	0～43	可设置第二增益、I/O 接口功能、陷波器、电动机额定电流和额定转速等
控制参数模式	`SEA---`	0～15	可以选择报警屏蔽功能、内部控制功能选择方式等
扩展控制参数模式	`SEb---`	0～15	可以选择各种控制功能的使能或禁止等

（1）驱动单元上电后只能查看 PA 参数、显示参数、辅助参数及 STA 参数。

（2）将 PA34 参数改为 2003 后才能查看或修改 PB 参数及 STB 参数。

（3）任何时候，PA23、PA24、PA25、PA26 都只能在保存并断电重启后才能起效。

（4）在驱动单元电动机运行之前，必须按顺序修改 PA34 为 2003，PA43 为相应的代码，PA25 为相应的电动机编码器类型，PA34 为 1230；保存操作，然后断电重启。

6.3 常用检查工具的使用

6.3.1 万用表

万用表是一种带有整流器的，可以测量交/直流电流、电压及电阻等多种电学参量的磁电式仪表。对于每一种电学参量，一般都有几个量程。又称多用电表或简称多用表。万用表是由磁电系电流表（表头）、测量电路和选择开关等组成的。通过选择开关的变换，可方便地对多种电学参量进行测量。其电路计算的主要依据是闭合电路欧姆定律。其外观见图 6-10。

图 6-10　万用表

1. 万用表的结构组成

1) 表头

万用表的表头通常有指针式和数字式两种。

指针式表头是一只高灵敏度的磁电式直流电流表，万用表的主要性能指标基本上取决于表头的性能。表头的灵敏度指表头指针满刻度偏转时流过表头的直流电流值，这个值越小，表头的灵敏度越高。测电压时的内阻越大，其性能就越好。表头上有 4 条刻度线，它们的功能如下：第一条（从上到下）标有 R 或 Ω，指示的是电阻值，转换开关在欧姆挡时，即读此条刻度线。第二条标有 ⌒ 和 VA，指示的是交、直流电压和直流电流值，当转换开关在交、直流电压或直流电流挡，量程在除交流 10V 以外的其他位置时，即读此条刻度线。第三条标有 10V，指示的是 10V 的交流电压值，当转换开关在交、直流电压挡，量程在交流 10V 时，即读此条刻度线。

数字式表头一般由一只 A/D（模拟/数字）转换芯片、外围元件、液晶显示器组成，所测量的数值直接显示在液晶显示器上。

2) 选择开关

万用表的选择开关是一个多挡位的旋转开关。用来选择测量项目和量程。

一般的万用表测量项目包括："mA"——直流电流、"V（－）"——直流电压、"V（～）"——交流电压、"Ω"——电阻。每个测量项目又划分为几个不同的量程以供选择。

3）表笔和表笔插孔

表笔分为红、黑表笔。使用时应将红表笔插入标有"＋"号的插孔，黑表笔插入标有"－"号的插孔。

2. 数字万用表的使用

数字万用表可以用来测量直流和交流电压、直流和交流电流、电阻、电容、电路通断等。数字万用表电路设计以大规模集成电路 A/D 转换器为核心，并配以全过程过载保护电路，是电工的必备工具之一，见图 6-11。

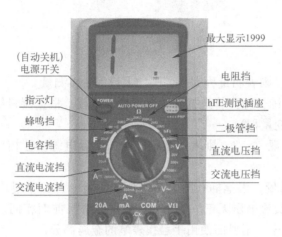

图 6-11　数字万用表

1）操作前的注意事项

将 ON/OFF 开关置于 ON 的位置，万用表打开。如果显示 BAT 字样，则说明电池电压不足，应更换电池；如未出现，则按以下步骤进行。

（1）使用前应熟悉万用表各项功能，根据被测量，正确选用挡位、量程及表笔插孔。

（2）在对被测数据大小不明确时，应先将量程开关置于最大值，而后由大量程往小量程切换。

（3）测量电阻时，在选择了适当倍率挡后，将两表笔相碰使指针指在零位，如指针偏离零位，应调节"调零"旋钮，使指针归零，以保证测量结果准确。如不能调零或数显表发出低电压报警，则应及时检查。

（4）在测量某电路电阻时，必须切断被测电路的电源，不得带电测量。

（5）万用表使用完毕，应将转换开关置于交流电压的最大挡。如果长期不使用，还应将万用表内部的电池取出来，以免电池腐蚀表内其他器件。

2）电压的测量

（1）直流电压的测量。如图 6-12 所示，首先将黑表笔插进"COM"孔，红表笔插进"VΩ"孔。把旋钮选到比估计值大的量程（注意，表盘上的数值均为最大量程，"V－"表示直流电压挡，"V～"表示交流电压挡，"A"是电流挡），接着把表笔接电源或电池两端，保持接触稳定，数值可以直接从显示屏上读取。

工业机器人电气控制与维修

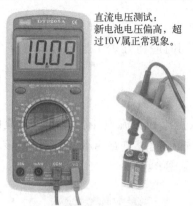

直流电压测试：
新电池电压偏高，超
过10V属正常现象。

图6-12　直流电压测试图示

　　如果显示为"1."，则表明量程太小，则加大量程后再测量。

　　如果不知道电压范围，应先将选择开关置于最大量程，根据测量结果逐渐降低量程范围（不能在测量过程中改变量程）。

　　如果在数值左边出现"－"，则表明表笔极性与实际电源极性相反，此时红表笔接的是负极。

　　（2）交流电压的测量。表笔插孔与直流电压的测量一样，不过应该将旋钮选到交流挡"V～"所需的量程。交流电压无正、负之分，测量方法跟前面相同。无论测交流还是直流电压，都要注意人身安全，不要随便用手触摸表笔的金属部分。

3）电流的测量

　　万用表的电流挡分为交流挡和直流挡。测量电流时，必须将旋钮选在相应的挡位才能测量。

　　首先将黑表笔插入"COM"孔。若测量大于200mA的电流，则要将红表笔插入"10A"插孔并将旋钮选到直流"10A"挡；若测量小于200mA的电流，则将红表笔插入"200mA"插孔，将旋钮选到直流200mA以内的合适量程。调整好后，就可以测量了。将万用表串进电路中，保持稳定，即可读数。

　　若显示为"1."，则要加大量程。

　　如果在数值左边出现"－"，则表明电流从黑表笔流进万用表。

　　表笔插孔上显示最大输入电流为10A，如果测量电流大于该值，万用表熔断器将被烧坏。

　　交流电流的测量：测量方法与直流电流相同，不过挡位应该选到交流挡位。

　　电流测量完毕后应将红表笔插回"VΩ"孔，若忘记这一步直接测电压，则万用表将损坏。

4）电阻的测量

　　将表笔插进"COM"和"VΩ"孔中，把旋钮选到"Ω"中所需的量程，表笔接在电阻两端金属部位，测量过程中可以用手接触电阻，但不要把手同时接触电阻两端，这样会影响测量精确度。人体是电阻很大（但是有限）的导体。读数时，要保持表笔和电阻有良好的接

触。注意单位，在"200"挡时单位是"Ω"，在2k～200k挡时单位为"kΩ"，"2M"以上的单位是"MΩ"。

6.3.2　试电笔

试电笔也叫测电笔，简称"电笔"，是一种电工工具，用来测试电线中是否带电。笔体中有一氖泡，测试时如果氖泡发光，则说明导线有电或为通路的火线。试电笔中笔尖、笔尾由金属材料制成，笔杆由绝缘材料制成。

1. 试电笔使用注意事项

（1）一定要用手触及试电笔尾端的金属部分，否则，因带电体、试电笔、人体与大地没有形成回路，试电笔中的氖泡不会发光，造成误判，认为带电体不带电。

（2）在测量电气设备是否带电之前，先要找一个已知电源测一测试电笔的氖泡能否正常发光。可以正常发光，才能使用。

（3）在明亮的光线下测试带电体时，应特别注意氖泡是否真的发光（或不发光），必要时可用另一只手遮挡光线仔细判别。千万不要造成误判，将氖泡发光判断为不发光，而将有电判断为无电。

2. 试电笔的使用

（1）判定交流电和直流电的口诀：电笔判定交、直流，交流明亮直流暗，交流氖管通身亮，直流氖管亮一端。

说明：首先告知读者一点，使用低压试电笔之前，必须在已确认的带电体上检测；在未确认试电笔正常之前，不得使用。判别交、直流电时，最好在"两电"之间做比较，这样效果很明显。测交流电时氖管两端同时发亮，测直流电时氖管里只有一端发亮。

（2）判定直流电正、负极的口诀：电笔判定正、负极，观察氖管要心细，前端明亮是负极，后端明亮为正极。

说明：氖管的前端指试电笔笔尖一端，氖管后端指手握的一端，前端明亮为负极，反之为正极。

（3）判定直流电源有无接地和正、负极接地的区别的口诀：变电所直流系数，电笔触及不发亮；若亮靠近笔尖端，正极有接地故障；若亮靠近手指端，接地故障在负极。

说明：发电厂和变电所的直流系统是对地绝缘的，人站在地上，用试电笔去触及正极或负极，氖管是不应当发亮的，假如发亮，则说明直流系统有接地现象；假如发亮在靠近笔尖的一端，则是正极接地；假如发亮在靠近手指的一端，则是负极接地。

（4）判定同相和异相的口诀：判定两线相同异，两手各持一支笔，两脚和地相绝缘，两笔各触一要线，用眼观看一支笔，不亮同相亮为异。

说明：此项测试时，切记两脚和地必须绝缘。因为我国大部分是380V/220V供电，且变压器普遍采用中性点直接接地，所以做测试时，人体和大地之间一定要绝缘，避免构成回路，以免误判定。测试时，两笔亮和不亮显示一样，故只看一支则可。

（5）判定380V/220V三相三线制供电线路相线接地故障的口诀：星形接法三相线，电笔触及两根亮，剩余一根亮度弱，该相导线已接地；若是几乎不见亮，金属接地有故障。

说明：变压器的二次侧一般都接成星形，在中性点不接地的三相三线制系统中，用试电笔触及三根相线时，有两根比通常稍亮，而另一根上的亮度要弱一些，则表示这根亮度弱的相线有接地现象，但还不太严重。假如两根很亮，而剩余一根几乎看不见亮，则说明这根相线有金属接地故障。

实训项目5　调试工业机器人电气控制系统

1. 电气控制柜上电

（1）请根据表6-5依次对电气控制柜进行检查并记录检查结果。

表6-5　检查项目记录表

序　号	检 查 项 目	情 况 记 录
1	检查电气控制柜内的电器安装是否牢靠	
2	检查电气元件的接线是否牢靠	
3	检查IPC电源接口电源极性是否正确	
4	检查PLC电源接口电源极性是否正确	
5	检查示教器电源接口电源极性是否正确	
6	检查伺服驱动器动力线进线与动力线出线连接是否正确	
7	检查伺服驱动器与伺服电动机的连接相序是否正确	
8	检查开关电源是否短路	

上电之前必须由任课教师确认，没有安全隐患之后才能上电。

（2）请根据表6-6的顺序进行上电测试并记录结果。

表6-6　测试结果登记表

步　骤	测 试 项 目	测 试 结 果
1	测量低压断路器电源输入端子三相交流电的电压是否与设计要求一致	
2	闭合低压断路器QF1，测量变压器TC1的副边输出电压是否与设计要求一致	
3	测量开关电源输出的直流电压是否与设计要求一致	
4	闭合转换开关SA，控制系统（IPC、PLC、示教器）是否正常上电	
5	电气控制柜内的照明灯是否打开	
6	伺服驱动器是否正常上电	
7	闭合低压断路器QF2，电气控制柜风扇是否正常运行	
8	维修插座是否有电	

2. IPC参数的设置与调整

单击"参数设置"按钮，进入如图6-13所示界面。

单击参数列表中的任意一行，弹出密码对话框，输入"003520"，然后按"确认"按钮，如图6-14所示。

1）组参数的设置

按照表6-7所示的内容设置组1的参数。

图 6-13　参数设置界面　　　　　　　　　　图 6-14　密码对话框

表 6-7　组 1 参数设置

参 数 号	参 数 名	单位与含义	设 定 值
30010	J1 轴号	定义物理轴号	1
30011	J2 轴号	定义物理轴号	2
30012	J3 轴号	定义物理轴号	3
30013	J4 轴号	定义物理轴号	4
30014	J5 轴号	定义物理轴号	5
30015	J6 轴号	定义物理轴号	6
30040	手动下关节轴运动最大速度	mm/s	30
30041	手动下关节轴运动加速度	mm/s^2	250
30042	手动下关节轴运动加加速度	mm/s^3	0
30050	手动下平动最大速度	mm/s	200
30051	手动下平动最大加速度	mm/s^2	250
30052	手动下平动最大加加速度	mm/s^3	0
30060	手动下转动最大速度	°/s	30
30070	自动下关节定位速度	mm/s	100
30071	自动下关节定位加速度	mm/s^2	500
30072	自动下关节定位加加速度	mm/s^3	2000
30080	自动下平动最大速度	mm/s	2000
30081	自动下平动加速度	mm/s^2	10000
30082	自动下平动加加速度	mm/s^3	8000
30090	自动下转动最大速度	°/s	50
30091	自动下转动加速度	$°/s^2$	250
30092	自动下转动加加速度	$°/s^3$	0
30100	倍率		100%
30102	运行模式		单调
30400	工业机器人类型		6

2）对轴参数进行设定（见表6-8）

表6-8　轴参数设定表

参 数 号	参 数 名	设 定 值					
		轴1	轴2	轴3	轴4	轴5	轴6
60000	轴名	Jn	Jn	Jn	Jn	Jn	Jn
60001	轴类型	0	0	0	0	0	0
60010	是否带反馈	1	1	1	1	1	1
60020	螺距	360	360	360	360	360	360
60030	指令类型	1	1	1	1	1	1
60031	电子齿轮比分子	121	121	121	100	80	50
60032	电子齿轮比分母	1	1	1	1	1	1
60040	电动机方向取反	0	0	1	0	0	1
60041	编码器脉冲数	131072	131072	131072	131072	131072	131072
60042	编码器类型	1	1	1	1	1	1
60043	反馈齿轮比分子	1	1	−1	1	1	−1
60044	反馈齿轮比分母	1	1	1	1	1	1
60045	反馈位置偏移						
60050	跟踪误差允许值	50	50	50	10	50	50
60060	正向软限位	170	150	90	180	110	360
60061	负向软限位	−170	30	−60	−180	−110	−360
60070	反向间隙	0	0	0	0	0	0
60080	最高速度	250	250	250	250	250	250
60081	电动机最大转速	350	350	3500	5000	5000	5000
60090	回零方向	0	0	0	0	0	0
60091	回零定位速度	100	100	100	100	100	100
60092	回零找Z脉冲速度	1	1	1	1	1	1

3. 伺服参数的设置与调整

1）HSV-160U伺服驱动器参数调试步骤

在PA运动参数中选择PA34，将其数值设为2003，即可打开扩展参数模式（PB参数模式），首先拆掉伺服驱动电源线及抱闸线。

第一步：按"S"键→按"M"键→PA34=2003→设置PA43→设置PB42、PB43→PA34=1230→按"S"键→按"M"键，找到EE-WRI进入辅助模式→按"S"键，待出现FINISH后断电重启。相关参数说明见表6-9。

表6-9　驱动器参数设置表1

参数序号	名　　称	适用方法	参数范围	默认值	备　注
PA34	用户密码设置	P，S，T	0 ～ 2806	232	默认值表示软件版本号，如232表示2.32版本。保存参数密码为1230；使用扩展参数密码为2003
PA43	驱动单元规格及电动机类型代码（修改此参数，必须先将PA34参数修改为2003，否则修改无效）	P，S	0 ～ 1999	101	千位：1—HSV-160U 百位：1—20A；2—30A；3—50A；4—75A 个位和十位表示电动机类型
PB42*	电动机额定电流	P，S	300 ～ 15000	680	0.01A
PB43*	电动机额定转速	P，S	100 ～ 9000	2000	1r/min （标注*的参数，在正确设置PA43后会自动配置）

第二步：按“S”键→按“M”键→PA34＝2003→设置PA0、PA2、PA17、PA23、PA24、PA25、PA26、PA27、PA28→PA34＝1230→按“S”键→按“M”键，找到EE-WRI进入辅助模式→按“S”键，待出现FINISH后断电重启。

在PA运动参数中选择PA34，将其数值设为2003，即可打开扩展参数模式（PB参数模式）。相关参数说明见表6-10。

表6-10　驱动器参数设置表2

参数序号	名　　称	适用方法	参数范围	默认值	备　注
PA0	位置比例增益	P	20 ～ 10000	400	0.1Hz
PA2*	速度比例增益	P，S	20 ～ 10000	500	
PA17	最高速度限制	P，S	100 ～ 12000	2500	1r/min
PA23	控制方式选择	P，S	T0 ～ 7	0	0：位置控制 1：模拟速度 3：内部速度 7：编码器校零
PA24*	伺服电动机磁极对数	P，S，	T1 ～ 12	3	
PA25*	编码器类型选择	P，S，	T0 ～ 9	6	0：1024 线 1：2000 线 2：2500 线 3：6000 线 4：ENDAT2.1 5：BISS 6：HiperFACE 7：TAMAGAWA
PA26	编码器零位偏移量	P，S，T	-32767 ～ 32767	0	增量式编码器：距离零脉冲的脉冲数；绝对式编码器：折算到16位分辨率时的脉冲数
PA27	电流控制比例增益	P，S，T	10 ～ 32767	2600	
PA28*	电流控制积分时间	P，S，T	1 ～ 2047	98	0.1ms

第三步：按"S"键→按"M"键→PA34 = 2003→PA23 = 7→STA0 = 0→STA6 = 1→PA34 = 1230→按"S"键→按"M"键，找到 EE - WRI 进入辅助模式→按"S"键，待出现 FINISH 后断电重启，插上伺服驱动电源线。相关参数说明见表6-11。

表6-11 驱动器参数设置表3

参数序号	名 称	适用方法	参数范围	默认值	单 位
PA23	控制方式选择	P，S，T	0～7	0	0：位置控制 1：模拟速度 3：内部速度 7：编码器校零
STA - 0	位置指令接口选择	0：串行脉冲 1：NCUC 总线			
STA - 6	是否允许由系统内部启动 SVR - ON 控制	0：不允许 1：允许			

第四步：按"S"键→按"M"键，找到 EE - WRI 进入辅助模式→按"↑"键找到 CAL - ID→按"S"键→按"M"键查看此时 PA34 = 1111。用手去感受电动机的轴，当电动机有力作用的时候，进入 LP - SEL→按"S"键，出现 FINISH，调零结束→PA34 = 2003→PA23 = 0→PA34 = 1230→按"S"键→按"M"键，找到 EE - WRI→按"S"键，待出现 FINISH 后断电重启。

第五步：手动调试，按"S"键→按"M"键，找到 JOG→按"S"键，出现 RUN→按"↑"、"↓"键查看动作是否正常。

第六步：按"S"键→按"M"键→PA34 = 2003→STA0 = 1→STA6 = 0→PA34 = 1230→按"S"键→按"M"键，找到 EE - WRI 进入辅助模式→按"S"键，待出现 FINISH 后断电重启，恢复电源线和抱闸线。

2）试运行

在系统上电之后要进行试运行操作，通过运行状态检测电路连接与参数设置的正确性。运行步骤如表6-12所示，并做好试运行记录。

表6-12 试运行项目表

序 号	运行检查项目	检查结果	维修记录
1	检查电气控制柜上的急停按钮是否有效		
2	检查示教器上的急停按钮是否有效		
3	检查轴1正、反向运动是否正常		
4	检查轴2正、反向运动是否正常		
5	检查轴3正、反向运动是否正常		
6	检查轴4正、反向运动是否正常		
7	检查轴5正、反向运动是否正常		
8	检查轴6正、反向运动是否正常		

3）工业机器人零点设置

对工业机器人的6个（或更多）关节轴进行校准。

　　首先，在手动模式下控制工业机器人各关节轴移动至标准零点姿态；然后在如图6-15所示的校准界面中输入各关节轴的零点值（如轴1～轴6分别为0、90、0、0、-90、0或者0、90、90、0、-90、0）；最后按下"确认"按钮，完成设置。

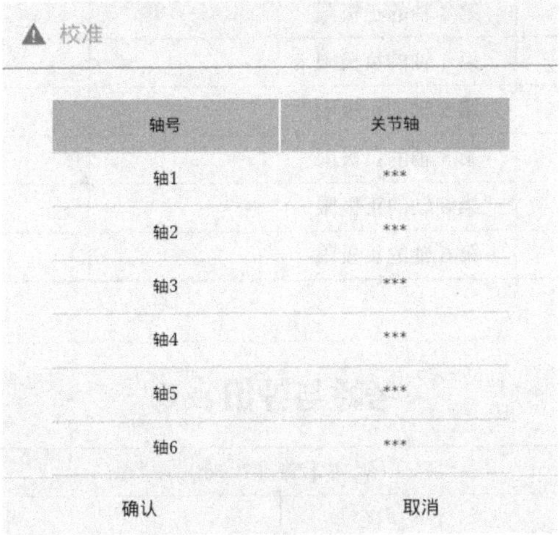

⚠ 校准

轴号	关节轴
轴1	***
轴2	***
轴3	***
轴4	***
轴5	***
轴6	***
确认	取消

图6-15　零点校准界面

　　标准操作完成后，系统可能提示"重启后生效"，请重启控制系统。对轴进行校准，单击"校准"，可调整工业机器人各轴的运动误差，选中需要校准的轴，输入校准值，即可校准该轴。

　　4）软限位的设置与检测

　　在工业机器人建立了参考点之后，通过设定坐标位置，限定了机器人的工作范围，一旦工业机器人的坐标超过了设定值，软限位将起作用停止设备运行。

　　软限位的设定过程如下。

　　（1）设定工业机器人的参考点。如果使用的是增量式编码器，在设定软限位前需要先进行回零操作。

　　（2）手动控制某一个轴向正方向运动，当接近正极限位置时，停止运动，把当前坐标设定到相应轴的轴参数中，完成该轴的正软限位的设定。

　　（3）手动控制某一个轴向负方向运动，当接近负极限位置时，停止运动，把当前坐标设定到相应轴的轴参数中，完成该轴的负软限位的设定。

　　工业机器人软限位设置与检查表如表6-13所示。

表6-13　工业机器人软限位设置与检查表

序　　号	项　　目	设　定　值	运行测试结果
1	第1轴的正极限		
2	第1轴的负极限		
3	第2轴的正极限		
4	第2轴的负极限		
5	第3轴的正极限		

续表

序　号	项　目	设 定 值	运行测试结果
6	第 3 轴的负极限		
7	第 4 轴的正极限		
8	第 4 轴的负极限		
9	第 5 轴的正极限		
10	第 5 轴的负极限		
11	第 6 轴的正极限		
12	第 6 轴的负极限		

考核与评价表 5

基本素养（20 分）				
序号	评估内容	自评	互评	师评
1	纪律（无迟到、早退、旷课）（10 分）			
2	参与度、团队协作能力、沟通交流能力（5 分）			
3	安全规范操作（5 分）			
理论知识（30 分）				
序号	评估内容	自评	互评	师评
1	电气控制柜上电前的检查（10 分）			
2	IPC 参数的含义（10 分）			
3	伺服参数的含义（10 分）			
技能操作（50 分）				
序号	评估内容	自评	互评	师评
1	能使用万用表对电气控制柜进行上电前的安全检查（10 分）			
2	能进行 IPC 参数的设置（10 分）			
3	能进行伺服参数的设置（10 分）			
4	能进行工业机器人的试运行操作（10 分）			
5	能建立工业机器人的参考点和软限位（10 分）			
综合评价				

参 考 文 献

[1] 陈建明. 电气控制与 PLC 应用. 北京：电子工业出版社，2010.

[2] 吴卫荣. 传感器与 PLC 技术. 北京：电子工业出版社，2006.

[3] 王永华. 现代电气控制及 PLC 应用技术（第 2 版）. 北京：北京航空航天大学出版社，2007.

[4] 廖常初. PLC 应用技术问答. 北京：机械工业出版社，2007.

[5] 阮友德. 电气控制与 PLC 实训教程. 北京：人民邮电出版社，2006.

[6] 张铁，机器人学. 广州：华南理工大学出版社，2001.

[7] 高国富. 机器人传感器及其应用. 北京：化学工业出版社，2005.

[8] 郭洪红. 工业机器人技术. 西安：西安电子科技大学出版社，2006.

[9] 王爱玲，张吉堂，吴雁. 现代数控原理及控制系统. 北京：国防工业出版社，2002.

[10] 瞿大中. 可编程控制器应用与实验. 武汉：华中科技大学出版社，2002.

[11] 胡学林. 可编程控制器应用技术. 北京：高等教育出版社，2001.

[12] 中国标准出版社编. 电气简图用图形符号国家标准汇编. 北京：中国标准出版社，2001.

[13] 陈本孝. 电器与控制. 武汉：华中科技大学出版社，1997.

[14] 秦忆. 现代交流伺服系统. 武汉：华中理工大学出版社，1995.

[15] 秦忆，李浚源. 现代交流电机控制技术基础. 广州：广东科技出版社，1993.

[16] 康华光. 电子技术基础（数字部分）（第 5 版）. 北京：高等教育出版社，2006.

[17] 何其贵. 数字电子技术基础. 北京：北京航空航天大学出版社，2005.

[18] 秦曾煌. 电工学（第 6 版）. 北京：高等教育出版社，2004.

[19] 杨素行. 模拟电子技术基础简明教程. 北京：高等教育出版社，2006.

[20] 杨颂华. 数字电子技术基础. 西安：西安电子科技大学出版社，2000.

[21] 陈菊红. 电工基础. 北京：机械工业出版社，2004.

[22] 李贤温. 电工基础与技术. 北京：电子工业出版社，2006.

[23] 曲桂英. 电工基础及实训. 北京：高等教育出版社，2005.

[24] 汪临伟，廖芳. 电工与电子技术. 北京：清华大学出版社，2005.

[25] 马高原. 维修电工技能训练. 北京：机械工业出版社，2004.

[26] 程开明，周德明，别其璋. 模拟电子技术. 重庆：重庆大学出版社，2003.

[27] 石生. 电路基本分析. 北京：高等教育出版社，2005.

反侵权盗版声明

电子工业出版社依法对本作品享有专有出版权。任何未经权利人书面许可，复制、销售或通过信息网络传播本作品的行为；歪曲、篡改、剽窃本作品的行为，均违反《中华人民共和国著作权法》，其行为人应承担相应的民事责任和行政责任，构成犯罪的，将被依法追究刑事责任。

为了维护市场秩序，保护权利人的合法权益，我社将依法查处和打击侵权盗版的单位和个人。欢迎社会各界人士积极举报侵权盗版行为，本社将奖励举报有功人员，并保证举报人的信息不被泄露。

举报电话：(010) 88254396；(010) 88258888

传　　真：(010) 88254397

E-mail： dbqq@ phei. com. cn

通信地址：北京市万寿路 173 信箱

　　　　　电子工业出版社总编办公室

邮　　编：100036